W0256084

Die Treibmittel der Kraftfahrzeuge

Von

Ed. Donath und **A. Gröger**
Professoren an der k. k. Deutschen Franz Joseph-Technischen Hochschule in Brünn

Mit 7 Textfiguren

Berlin
Verlag von Julius Springer
1917

ISBN-13: 978-3-642-89316-2 e-ISBN-13: 978-3-642-91172-9
DOI: 10.1007/978-3-642-91172-9

Alle Rechte, insbesondere das der
Übersetzung in fremde Sprachen, vorbehalten.

Copyright 1917 by Julius Springer in Berlin.

Vorwort.

Von den naturwissenschaftlich gebildeten Besitzern von Kraftfahrzeugen werden wohl viele das Bedürfnis haben, nicht nur den Bau und die Konstruktion derselben näher kennen zu lernen, sondern auch einen Einblick in die chemisch-physikalischen Vorgänge, durch welche die Krafterzeugung bewirkt wird, und insbesondere auch eine genauere Kenntnis der Mittel zum Betriebe der Kraftfahrzeuge, also der Treibmittel, zu gewinnen. Die Kenntnis der konstruktiven Ausführung der Kraftfahrzeuge gehört in das Gebiet des Maschinenbaues, die der zweitgenannten Art in das Gebiet der technischen Chemie.

Die vorliegende Publikation soll nun die nähere Kenntnis dieser Treibmittel vermitteln, wobei jedoch auf die technische Gewinnung derselben als in das engere Gebiet der chemischen Technologie gehörend nur kurz eingegangen werden soll, da dies dem Motorfahrer doch auch ferner liegt. Wir hoffen, daß dieses Büchlein — trotz nicht weniger in ähnlicher Richtung verfaßter Publikationen — den Bedürfnissen der obengenannten Motorfahrer entsprechen und vielleicht auch mit Hinsicht auf die eingehend erörterten Produktions- und sonstigen wirtschaftlichen Verhältnisse auch für manchen außerhalb des engeren Kreises der Kraftfahrer Stehenden von Interesse sein wird.

Da das Deutsche Reich und Österreich-Ungarn voraussichtlich in Zukunft sich in wirtschaftlicher Beziehung in mancher Hinsicht enger zusammenschließen dürften, so wurde selbstverständlich den Produktions- und wirtschaftlichen Verhältnissen dieser beiden Staatsgruppen eine besondere Berücksichtigung gewidmet.

Was die bei der Abfassung des Vorliegenden benützte Literatur anbelangt, so seien außer den chemisch-technischen und automobiltechnischen Zeitschriften besonders angeführt:

Der Artikel „Kraftwagen“ in dem vierbändigen Werke „Die Technik im 20. Jahrhundert“, unter Mitwirkung hervorragender

Vertreter der technischen Wissenschaften herausgegeben von Geh. Reg.-Rat Dr. A. Miethe, Prof. a. d. Kgl. Techn. Hochschule zu Berlin, eine meisterhafte Darlegung dieses Gebietes in knappster Form von Geh. Reg.-Rat Prof. Dr. A. Riedler - Charlottenburg.

„Das Erdöl und seine Verwendung" von H. v. Höfer. Braunschweig, Vieweg & S., 1912.

„Das Erdöl, seine Physik, Chemie, Geologie, Technologie und sein Wirtschaftsbetrieb", 5 Bände, unter Mitwirkung usw. herausgegeben von C. Engler-Karlsruhe und H. v. Höfer-Wien, ein vorbildliches Werk, das unbestritten eine der ersten Zierden der deutschen technischen Literatur ist.

„Chemische Technologie des Erdöls usw." von Dr. R. Kißling, 1915.

Ferner die Lehrbücher der chemischen Technologie von Geh. Reg.-Rat Prof. Dr. H. Ost - Hannover und Prof. Dr. B. Neumann - Breslau, „Die flüssigen Brennstoffe" von Dr. J. Schmitz - Berlin, „Die flüssigen Brennstoffe, ihre Bedeutung und Beschaffung" von Ed. Donath und A. Gröger, Braunschweig, „Kokerei und Teerprodukte der Steinkohle" von Fabrikdirektor Dr. A. Spilker, Halle a. S., 1908.

Wieteres: „Die Analyse und Wertbestimmung der Motorenbenzine, -Benzole und des Motorspiritus des Handels" von Dir. Priv.-Doz. Dr. K. Dieterich, Verlag des Mitteleuropäischen Motorwagenvereines, desgleichen „Die Unterscheidung und Prüfung der leichten Motorbetriebsstoffe und ihrer Kriegsersatzmittel", Berlin 1916, „Autlerchemie" von Wa. Ostwald, Berlin 1910, „Die Automobilbetriebsstoffe" von E. Jaennichen, Berlin 1915, „Brennstoffmischungen, Anlaßbehälter und moderne Vergaser, ihre Bedeutung für den Automobilbetrieb in dem jetzigen Kriege und in der Zukunft" von Dipl.-Ing. Doz. F. v. Löw, Wiesbaden 1915, endlich das kurz vor Abschluß des Vorliegenden erschienene Büchlein desselben Autors „Kraftwagenbetrieb mit Inlandsbrennstoffen", Wiesbaden 1916.

Brünn, April 1917.

Die Verfasser.

Inhaltsübersicht.

I. Einleitung.

In unseren Städten und auf den befahrensten Landstraßen können wir die von Jahr zu Jahr ungeheuer zunehmende Verbreitung der Kraftfahrzeuge (des Automobilismus) beobachten. Ihre Zahl — sowohl für den Personenverkehr als auch für die Lastenbeförderung — nimmt stets zu, und große Postlinien werden bereits durch Kraftfahrzeuge erhalten. Der jetzige Krieg hat die ungemein große Bedeutung des Automobilismus für Armeezwecke gezeigt; die raschen Umgruppierungen, die raschen Verfolgungen, die rasche Beförderung von allerhand Kriegsmaterial, namentlich der schweren Geschütze (Mörser) wäre ohne motorisch betriebene Fahrzeuge nicht möglich gewesen.

Bald nach Ausbruch des Krieges wurden von seiten der deutschen Heeresverwaltung die vorhandenen Vorräte an Benzin, Benzol und Gasöl beschlagnahmt; später wurde der Handel mit Benzin unter bestimmten Ausnahmen wieder freigegeben. Auch in Österreich wurde eine gewisse Zeit hindurch der Benzinverkauf für private Zwecke entweder ganz verboten oder großen Einschränkungen unterworfen. Der Mangel an Benzin war die Veranlassung, daß man entweder schon früher bekannte Ersatzstoffe desselben heranzog oder nach neuen solchen griff, und eine große Summe von Erfahrungen wurde inzwischen schon auf diesem Gebiete gemacht.

Nach dem Kriege wird die Verwendung von Kraftfahrzeugen ohne Zweifel relativ noch rascher zunehmen. Durch den Krieg wurde ein großer Teil des vorhandenen brauchbaren Pferdematerials herangezogen, und nur ein geringer Teil desselben wird dem Verkehr wieder zurückgegeben werden können. In erster Linie wird dieses der Landwirtschaft zur Verfügung gestellt werden müssen, da diese sich viel schwerer mit maschinellen Ersatzmitteln abfinden kann als Betriebe, die die Pferde lediglich zu Transportzwecken benötigen. Schon heute macht sich der

Mangel an Zugpferden sehr fühlbar. Alle Transportunternehmungen, aber auch viele Industrien können die Beförderung der betreffenden Objekte nicht mehr klaglos durchführen und werden deshalb genötigt sein, Kraftfahrzeuge einzustellen. Mit der Zunahme der Kraftfahrzeuge wird aber auch der Bedarf an Treibmitteln steigen, und es stellt daher deren nähere Kenntnis sowie ihre Beschaffung, schon heute eine wichtige technische Frage dar.

Im folgenden sollen daher die bisher verwendeten Treibmittel mit ihren für die vorliegenden Zwecke wichtigsten Eigenschaften behandelt werden, ohne jedoch, wie gesagt, ihre Gewinnung näher zu besprechen, die bisher mit ihnen gemachten Erfahrungen zusammengestellt und schließlich auf Mittel und Wege hingewiesen werden, durch die eine gesteigerte Produktion dieser Treibmittel und damit auch eine Verbilligung derselben herbeigeführt werden kann. Dabei soll nur von Treibmitteln für Explosionsmotoren gesprochen werden, nicht aber von den eigentlichen Verbrennungskraftmaschinen, die bisher für Kraftfahrzeuge entweder gar nicht oder nur wenig in Anwendung gekommen sind.

Der Automobilismus hat jetzt schon eine viel größere Bedeutung erlangt, als vielfach angenommen wird, seine große Entwicklung hat erst begonnen. Dies zeigt schon der gegenwärtige Stand der Fahrzeugindustrie[1]). Der Wert der deutschen Fabrikation einschließlich der Rohstoffe und die Stückzahl der Erzeugung hat sich im letzten Jahrzehnt mehr als verzwanzigfacht, der Verkaufswert beträgt jetzt über 150 Millionen jährlich. Die deutsche Fahrzeugindustrie allein beschäftigt etwa 25 000 Angestellte und Arbeiter. Die rasch ansteigende deutsche Ausfuhr hat die französische fast erreicht, die nur noch wenig wächst. Vom Automobilismus leben in Deutschland allein 300 000 Personen; die deutsche Erzeugung allein beträgt jetzt fast 25 000 Kraftfahrzeuge jährlich, und der Wert eines Kraftwagens ist durchschnittlich mit etwa 6000 M. anzunehmen. Das mit dem Automobilismus zusammenhängende Kapital ist auf mehrere Milliarden zu schätzen. Dabei sind in Betracht zu ziehen: die vielen Hilfsindustrien, die der Automobilismus geschaffen oder neu belebt hat, die ausgedehnten Industrien für Rohstoffe, ins-

[1]) Nach Riedler, „Kraftwagen", in: Die Technik im 20. Jahrhundert, XX, S. 214.

besondere flüssige Brennstoffe, die ihre hohe Entwicklung hauptsächlich dem Automobilismus verdanken, die Industrie für Ausrüstungsteile, die z. B. von Deutschland aus Kugellager und Zündapparate für die ganze Welt liefert, die Industrie für Signalapparate, Laternen, Karosserien usw. Dann kommt die Rückwirkung des Automobilismus auf andere Industrien, insbesondere die Metallurgie und die Gummiindustrie, die vor neue Aufgaben gestellt wurde und sie glänzend gelöst hat. Die deutsche Metallindustrie ist wesentlich durch den Kraftwagenbau Lieferantin edler Stahlsorten und Metallegierungen für die ganze Welt geworden. Aluminium konnte früher keinen Preis erzielen; jetzt werden hochwertige Aluminiumlegierungen in großen Mengen verwendet. Der Automobilbau hat auch auf den hochentwickelten Maschinenbau befruchtend gewirkt, schon durch die Einführung dieser Metallegierungen, der hochwertigen Stahlsorten, vorher wenig benützter Materialien, die geringes Gewicht und große Betriebssicherheit ermöglichen.

Geschichtliches über Benzinmotoren[1]). Die ersten brauchbaren Benzinmotoren wurden Ende der 60er, anfangs der 70er Jahre des verflossenen Jahrhunderts in den Handel gebracht. Sie wurden als Petroleummotoren bezeichnet, trotzdem nicht das eigentliche Petroleum, sondern das spezifisch leichtere Destillationsprodukt des Erdöls, das Benzin, verwendet wurde. Die Anwendung des eigentlichen Leuchtpetroleums als Brennstoff für Kraftmaschinen fällt erst in die neuere Zeit.

Von ganz besonderer Bedeutung für die Verwendung des leicht flüssigen Brennstoffes Benzin waren die Motorkonstruktionen von G. Daimler und K. Benz, die fast gleichzeitig Mitte der 80er Jahre in die Öffentlichkeit gelangten. Sie legten den Grund zu der heute blühenden Automobilindustrie, und wenn auch in neueren Zeiten dem Benzin in dem Produkt der Steinkohlenverkokung, dem Benzol, ein nicht zu verachtender Gegner entstanden ist, so gebührt doch dem Brennstoff Benzin das überwiegende Verdienst um die gewaltige Entwicklung des modernen Verkehrsmittels, des Kraftwagens für Luxus- und Verbrauchszwecke.

---

[1]) Nach Nallinger, „Die Benzinmotoren“, in: Das Erdöl, IV, S. 328 und 519.

Es zählten am 1. Jänner 1912:

	Motorfahrzeuge für Personen u. Lasten	Bevölkerung	Mithin kommt ein Motorfahrzeug auf Köpfe der Bevölk.
England	175 247	43 740 000	249,6
Frankreich	88 271	38 961 000	441,4
Deutschland	70 006	64 806 000	927,0

An Personenfahrzeugen (Krafträder und Kraftwagen) waren im Deutschen Reiche im Verkehr:

am 1. Jänner 1912	63 162 Stück
„ 1. „ 1911	53 478 „
„ 1. „ 1907	25 815 „

Im Laufe von 5 Jahren hat sich also der deutsche Personenfahrzeugbestand um das $2^1/_2$fache vermehrt.

An Lastfahrzeugen (Lastkrafträder und Lastkraftwagen) waren im Deutschen Reiche im Verkehr:

am 1. Jänner 1912	6814 Stück
„ 1. „ 1911	4327 „
„ 1. „ 1907	1211 „

Im Laufe von 5 Jahren hat sich demnach der Bestand an Lastfahrzeugen reichlich auf das $5^1/_2$fache vermehrt.

Der Wert der in Deutschland allein durch die Automobilindustrie erzeugten Ware ist von 5,7 Mill. M. im Jahre 1901 auf 157 Mill. M. im Jahre 1911 gestiegen.

Die Ein- und Ausfuhr an Kraftfahrzeugen im Deutschen Reiche hat sich wie folgt entwickelt:

Im Jahre	Einfuhr in Mill. M.	Ausfuhr in Mill. M.
1901	1,6	2,9
1906	19,8	21,0
1911	11,7	48,0
1912	14,2	71,5

Es gingen demnach im Jahre 1911 rund 30% der in Deutschland hergestellten Ware ins Ausland.

Nach den zuletzt zur Verfügung gestandenen statistischen Ausweisen 1915 (Statist. Jahrb. f. d. Deutsche Reich, herausgegeben vom Kais. Statist. Amte, 36. Jahrg.) war am 1. Jänner 1914 ein Bestand an Kraftfahrzeugen im Deutschen Reiche von 83 333 Automobilen für Personenbeförderung und 9739 Kraftfahrzeugen zur Lastenbeförderung, zusammen von 93 072.

Über die Aufgaben der Automobilindustrie nach dem Kriege äußert sich eine Reihe von Autoritäten auf diesem Gebiete aus dem Deutschen Reiche wie folgt.

Kleyer ist der Ansicht, daß diese Aufgaben eine wesentliche Erweiterung und Betonung erfahren werden. Vor allem kommt ja das militärische Gebiet in Betracht. Der Automobilmotor hat im Kriege mit seiner Schnelligkeit, Zuverlässigkeit und Arbeitskraft die denkbar wichtigsten und umfassendsten Dienste geleistet. Man wird ihn also auch militärisch immer mehr einzuspannen und zu vervollkommnen wissen. Auf dem Gebiete des allgemeinen Verkehrs wird das deutsche Automobil auch ferner an erster Stelle stehen. Was es uns allen, die wir insbesondere im Erwerbsleben stehen, bedeutet, sehen wir in dieser automobillosen Zeit nur zu deutlich. Der Nutzwagenverkehr und die Verwendung des Automobils im Dienste der öffentlichen Feuerwehr und Krankenfürsorge kennzeichnen schon heute seine Vielseitigkeit und Unentbehrlichkeit. Sportlich ist dieses Schnellverkehrsmittel vollends nicht mehr fortzudenken. Es wird sich zu den alten hoffentlich viele neue Freunde erwerben, die den deutschen Kraftwagen an der Spitze des sportlichen Wettbewerbes werden marschieren lassen.

Nach Nallinger gipfeln die Aufgaben der Automobilindustrie nach dem Kriege in folgenden Leitsätzen: 1. Verwendung der Kriegserfahrungen zur Vervollkommnung der Konstruktion der Kraftwagen und Ausbildung derselben zu vollkommen felddienstbrauchbaren Fahrzeugen. 2. Ausbildung von Sonderkonstruktionen von Kraftfahrzeugen für gewisse, durch die Kriegserfahrungen herausgebildete Zwecke. 3. Verwendung von Baustoffen, die möglichst im Inlande erzeugt werden können, um von der Einfuhr unabhängig zu sein. 4. Verwendung inländischer Betriebsstoffe, wie Benzol, Spiritus usw., und Anpassung der entsprechenden Organe des Verbrennungsmotors an diese. Durch diese Forderungen ist der Automobilindustrie ein reiches Feld der Betätigung gegeben und bedarf diese zur Erfüllung ihrer Aufgaben der kräftigen Mithilfe der Zubehörindustrie. Ein Teil dieser Aufgaben ist schon während des Krieges gelöst worden, den Rest wird unsere deutsche Industrie ebenfalls bezwingen.

Nach Allmers Ansicht muß die Aufgabe der deutschen Automobilindustrie für die Zukunft nach dem Kriege die sein, ihr besonderes Augenmerk darauf zu richten, daß sie in der Lage ist, in einem zukünftigen Kriege dem Vaterlande in gleich hervorragender Weise zu dienen wie bisher. Sie wird die Erfahrungen dieses gewaltigen Krieges ausnützen und ist schon jetzt an der Arbeit, eine größere Vereinheitlichung der verschiedenen Fabrikate durchzuführen, damit die zu erhaltenden Reservelager verringert und die Lieferung von Ersatzteilen vereinfacht wird. Sie wird ferner dem Heere die neuen Typen zu liefern haben, deren Nützlichkeit oder Notwendigkeit für gewisse Zwecke sich im Laufe dieses Krieges herausgestellt hat. Das alles kann sie in ausreichendem Maße nur ausführen, wenn sie selbst auch genügend kräftig erhalten wird. Eine kräftige und leistungsfähige Automobilindustrie ist für die militärische Bereitschaft von der größten Wichtigkeit.

Nach Schwarz muß die Automobilindustrie auf allen Gebieten, soweit dies praktisch und wirtschaftlich möglich ist, darauf hinarbeiten, den tierischen Zug durch den mechanischen Zug mit Verbrennungsmotoren und, wo die Verhältnisse es zulassen, mit Elektromotoren zu ersetzen. So einfach aber die Beantwortung der gestellten Frage im Prinzip ist, so schwierig wird im Einzelfall ihre konstruktive Lösung. Dies gilt ganz besonders für die für landwirtschaftliche Zwecke zu bauenden Maschinen; indessen steht zu erwarten, daß auch hierfür Konstruktionen geschaffen werden, die den besonderen Anforderungen Rechnung tragen und dem Wesen der Bodenbearbeitung angepaßt sind. Die ganze Entwicklung der Automobilindustrie wird sich nach der Nachfrage richten, und diese wiederum wird wohl von der Kriegsdauer abhängen und davon, wie der Krieg ausgeht. Aller Voraussicht nach wird der Lastwagenbetrieb große Ausdehnung annehmen, infolgedessen auch der Lastwagenbau. Inwieweit dies für den Bau von Personenwagen der Fall sein wird, bleibt abzuwarten.

Was die Verwendung des Automobils im landwirtschaftlichen Betriebe anbelangt, so seien hier als Beispiel die Angaben Hansens[1]) über die Zunahme des Betriebes mit Motorpflügen in Ostpreußen angeführt: Vor dem Kriege waren neben 8—12 Dampfpflügen etwa 150 Motorpflüge vorhanden.

---

[1]) „Grundlagen des Wirtschaftlebens in Ostpreußen."

Infolge des durch den Krieg herbeigeführten Pferdemangels war dann bis Ende 1915 die Zahl der Dampfpflüge auf etwa 30—35, die der Motorpflüge aber auf etwa 430 gestiegen. Im Frühjahr 1916 werden wohl rund 500 Motorpflüge tätig gewesen sein. Den Motorpflügen dürfte eine große Zukunft beschieden sein, weil sie gestatten, die Pflugfurche unabhängig von den Gespannen rechtzeitig zu erledigen.

Für Österreich war es leider nicht möglich, hinreichend viel statistisches Material über die Entwicklung des Automobilwesens daselbst zu erhalten, um einen gleichen Überblick wie über die des Deutschen Reiches zu geben. Nach den zur Verfügung stehenden Quellen[1]) waren am 1. März 1910 in Österreich allein im inländischen Privatbesitz 5238 Automobile und 8007 Motorräder. In der Reichshauptstadt Wien waren 2546 Automobile (also nahezu die Hälfte aller Automobile) und 1769 Motorräder vorhanden. Dazu kommen noch die im Besitze des k. u. k. Heeres befindlichen Automobile, Motorräder, schwere und leichte Motorlastwagen. Am 30. Juni 1911 waren im inländischen Privatbesitz vorhanden 7721 Automobile, davon in Niederösterreich mit Wien allein mehr als die Hälfte (4107), sodann 8817 Motorräder. Am 30. Juni 1913 waren insgesamt vorhanden 12 234 Automobile, davon in Niederösterreich 6328, sowie 9486 Motorräder, außerdem waren im Jahre 1912 im staatlichen und privaten (subventionierten) Postautomobilverkehr 176 Automobile für Personenverkehr, 5 Personenanhängewagen und vier Motorlastwagen in Verwendung. Dabei sind wieder nicht berechnet die im Besitze des Heeres befindlichen Kraftfahrzeuge sowie die durch den Reisendenverkehr aus dem Auslande in das Inland gesteuerten. Aus diesen wenigen Angaben ist zu ersehen, daß bereits vom Jahre 1910 auf 1911 eine bedeutende Vermehrung der Kraftfahrzeuge erfolgte, und daß sich die Zahl der Automobile in Österreich 1913, also binnen 3 Jahren, mehr als verdoppelt hat, sowie daß Niederösterreich mit Wien mehr als die Hälfte der Gesamtzahl an Kraftfahrzeugen besitzt. Es ist mit Sicherheit anzunehmen, daß nach dem Kriege die Zunahme der Kraftfahrzeuge noch in einem viel größeren Verhältnis erfolgen wird. Dafür spricht auch

---

[1]) Kompaß, Finanzielles Jahrbuch 1913, Bd. II. Österr. statist. Handbuch 1912 und 1913.

die Tatsache, daß im Jahre 1916 allein in Österreich drei technische Versuchsanstalten für Kraftfahrzeuge dem Betrieb übergeben wurden, darunter auch die k. k. Versuchsanstalt für Kraftfahrzeuge in Wien.

Es sei diesbezüglich auch noch aus den Verhandlungen des 6. Sprechabends des k. k. Österreichischen Automobilklubs in Wien folgendes angeführt: Der große Pferdemangel, der sich nach dem Kriege ohne allen Zweifel geltend machen wird, wird auf das Straßenbild nicht ohne Einfluß bleiben. Aber auch die zahlreichen, im Kriege gebauten, von der Heeresverwaltung benötigten Lastenautomobile, die nach Friedensschluß allmählich in die Hände Privater übergehen werden, sowie die während des Krieges eingesetzte Massenerzeugung von Lastenautomobilen werden das ihrige dazu beitragen, das von Pferden gezogene Schwerfuhrwerk aus unserem Straßenbild zu verdrängen und an seine Stelle in weit ausgedehnterem Maße als bisher das Lastenauto treten zu lassen. Es leuchtet ein, daß diese Veränderung auf die Beschaffenheit und Erhaltung der Straßen nicht ohne Einfluß bleiben kann. Wohl wurden die Straßen durch das Pferdefuhrwerk nicht wenig in Anspruch genommen, doch auch die Automobile stellen an das Straßendeckenmaterial nicht geringe Anforderungen, denen man beim Bau neuer Straßen wird Rechnung tragen müssen.

Da die Straßen während des Krieges infolge Arbeiter- und Materialmangels hinsichtlich der Erhaltung in Rückstand gekommen sind, so wird die staatliche Straßenverwaltung es gewiß nicht unterlassen, für die Modernisierung der Reichsstraßen in jeder Hinsicht zu wirken. Es wird sich hierbei allerdings auch darum handeln, daß die entsprechenden Geldmittel nicht nur zur weiteren Straßenausgestaltung, sondern auch zur Errichtung eines Netzes von staatlichen Kraftfahrlinien für den Frachten- und Personenverkehr sichergestellt werden. Letzterer Angelegenheit wird insbesondere durch das Bestreben nach einer möglichst raschen Wiederherstellung des wirtschaftlichen Lebens und nicht zuletzt des Fremdenverkehrs erhöhte Bedeutung zukommen.

Über die Entwicklung des Automobilwesens in Ungarn wurden auf der Generalversammlung des kgl. ungarischen Automobilklubs vom 4. Mai 1916 folgende Angaben gemacht. Im Jahre 1906 gab es in Ungarn kaum 150 Privatautomobile, während deren

Zahl jetzt bereits 5000 übersteigt, obzwar sich der ungünstige Einfluß des Krieges jetzt gewiß auch geltend macht; also in 10 Jahren eine Steigerung auf das 33fache. Es ist deshalb zweifellos, daß nach dem Kriege auch in Ungarn eine rapide Zunahme der Kraftfahrzeuge zu erwarten ist.

Die Entwicklung der Automobilindustrie in Amerika übertrifft die aller anderen Länder noch um ein beträchtliches, doch sind zuverlässige Angaben leider nicht zu erhalten. Neueren Zeitungsnachrichten zufolge ist unter der Führung von M. Durnat, dem Leiter der Chevrolet Motor Co., unter dem Namen „United Motors Corporation" ein trustartiger Zusammenschluß von 5 Gesellschaften erfolgt, die lediglich Automobilbestandteile herstellen. Das Aktienkapital, dessen Anteile ohne einen bestimmten Nennwert ausgestattet wurden, ist bereits vom Banksyndikat im Betrage von 6 Mill. Dollar übernommen worden. Ferner wird von der Bildung eines weiteren Trustes von Automobilfabriken berichtet, an dem hauptsächlich die Overland Co. beteiligt ist, und der über ein Kapital von 200 Mill. Dollar verfügen soll.

Dem Beispiele des amerikanischen Schlachtschiffes „Maryland" folgend, das ein Automobil zur Benützung des kommandierenden Offiziers mit sich führt, sollen auch andere Kriegsschiffe der Marine der Vereinigten Staaten einen Kraftwagen als Teil ihrer Ausrüstung erhalten. Besonders Schiffe, die auf lange Fahrten hinausgehen, sollen an erster Stelle bedacht werden, da sich bei diesen die Vorteile eines Autos bei den öffentlichen Besuchen, die das Anlegen im Hafen mit sich bringt, sehr bemerkbar machen.

Wird es möglich sein, die Motore gewisser schwererer Kraftfahrzeuge nach dem Prinzip des Dieselmotors zu bauen — und Bestrebungen hierzu sind bereits im Gange —, so wird sich der Betrieb noch wesentlich billiger gestalten, was insbesondere für Lastkraftfahrzeuge von wesentlicher Bedeutung ist. Für Personenkraftfahrzeuge, bei denen die Geschwindigkeit der Beförderung ausschlaggebend ist, also das Eigengewicht des Fahrzeuges mit Rücksicht auf die Gummibereifung der Räder, die Erhaltung der Maschinentriebswerkteile und die zu erzielende Geschwindigkeit möglichst leicht gehalten werden muß, ist anzunehmen, daß die bisherigen Brennstoffe, nämlich die Destillate des Erdöls und Teeröls, nicht so bald verdrängt werden, namentlich wenn solche durch geeignete Zusätze verbilligt werden, ohne dadurch an Kraftentwicklung einzubüßen.

II. Die chemisch-physikalischen Vorgänge im Explosionszylinder der Motoren der Kraftfahrzeuge[1]).

Mit Explosion im allgemeinen bezeichnet man jede plötzlich und stürmisch verlaufende Reaktion, deren Produkte gasförmig sind, gleichgültig, ob die reagierenden Körper Gase sind oder nicht, im engeren Sinne wohl auch nur solche derartige Reaktionen, die zwischen Gasen vor sich gehen. Explosionsreaktionen sind stets exothermisch, d. h. es wird durch sie Wärme entwickelt. Geht nun eine solche Reaktion, wie es bei genügend niederer Temperatur stets der Fall ist, langsam vor sich, so findet die dabei entwickelte Wärme Zeit, durch Leitung und Strahlung an die Umgebung überzugehen. Bei schnellerem Reaktionsverlauf aber erhitzt die sich entwickelnde Wärme die umgebenden reaktionsfähigen Teilchen so weit, daß auch deren gegenseitige Einwirkung beschleunigt vor sich geht, somit schnell weitere Wärmemengen auftreten, so daß das ganze Reaktionsgemisch entsprechend rasch seinem Endzustande zueilt. Es ist demnach nur nötig, an irgendeiner Stelle des Reaktionsgemisches eine solche Temperaturerhöhung zu bewirken, die die Reaktionsgeschwindigkeit so weit vergrößert, daß die Reaktionswärme nicht ebenso schnell abgeleitet wird, als neue hinzukommt, um eine spontane, immer rapid verlaufende Wirkung, eine Explosion, zu verursachen.

Diese entsprechend hohe Temperatur wird als Entzündungstemperatur bezeichnet. Es ist dies jedoch keineswegs eine wohl definierte und für jedes Gasgemisch stets gleiche, charakteristische Temperatur, sondern sie wechselt im allgemeinen mit der Natur des Gasgemisches und wird von sehr verschiedenen Ver-

---

[1]) Lueger, Lexikon der gesamten Technik, S. 11ff. — Höfer, Das Erdöl, S. 534ff. — Bunte, „Über explosive Gasgemenge". Journ. f. Gasbeleuchtung 1901, S. 835ff. — Terres, „Über die Verbrennung von Benzol in Explosionsmotoren", Journ. f. Gasbeleuchtung 1915, S. 893ff.

hältnissen beeinflußt, von Reaktionswärme, Wärmeleitungsvermögen, Diffusion, Strahlung, Außentemperatur und Druck. Es ist auch nicht diejenige Temperatur, bei der die Verbrennung erst beginnt, sondern diejenige, bei der die Reaktionsgeschwindigkeit des Systems, wie gesagt, so groß wird, daß die Vereinigung explosivartig erfolgt. Auch unterhalb dieser Temperatur findet eine langsame Einwirkung statt. Erhitzt man z. B. ein brennbares Gasluftgemisch etwa in einem Rohr von außen langsam auf höhere Temperatur, so tritt zunächst ohne sichtbare Flamme und ohne Explosion eine stille oder langsame Verbrennung ein. Wird dagegen das Gemisch rasch auf eine hinreichend hohe Temperatur gebracht, so kann eine plötzliche Verbrennung in der ganzen Gasmasse eintreten und eine Explosion entstehen. Die Entzündungstemperatur liegt nach den Untersuchungen von Mallard und Le Chatelier für Wasserstoff bei 550° C, für Kohlenoxyd bei 655 und für Methan bei 650° C und erhöht sich bei Zumischung indifferenter Gase nur wenig. Andererseits ist bekannt, daß unter dem Einflusse mancher poröser Körper, vor allem Platinschwamm, die schon bei niedriger Temperatur beginnende langsame Verbrennung so beschleunigt werden kann, daß eine Entzündung und eine rasche explosive Verbrennung der Gasmasse erfolgt; darauf beruht ja die Wirkung der Selbstzünder.

Die Explosion, oder wenn die Reaktion eine Verbrennung ist, die Entflammung, kann nach dem Gesagten sowohl durch Erhitzen nur eines kleinen Bereiches wie auch der Gesamtheit des Reaktionsgemisches hervorgerufen werden. In ersterem Sinne kann die Reaktion eingeleitet werden durch einen elektrischen Funken oder durch mechanisch erzeugte Wärme, durch Stoß, Schlag oder Reibung. Es pflanzt sich dann die Reaktion, die Verbrennung, von selbst durch die ganze Masse des explosiven Gemisches fort. Diese Entzündungsgeschwindigkeit oder Fortpflanzungsgeschwindigkeit explosiver Reaktionen, nach Berthelot die Explosionswelle, hat sich nun als unabhängig vom Druck und anderen äußeren Bedingungen erwiesen und ist somit eine für jedes Reaktionsgemisch kennzeichnende, charakteristische Konstante. Sie läßt sich in ziemlicher Übereinstimmung mit den Versuchsergebnissen berechnen als identisch mit der mittleren molekularen Geschwindigkeit der Verbrennungsprodukte bei der Explosionstemperatur. Die Heftigkeit der Explosion, die Brisanz, hängt neben der Wärmeentwicklung auch von der Volumveränderung während der Reaktion ab; diese ist bei festen und flüssigen Stoffen sehr viel größer als bei Gasen.

Bei der Explosion eines Gemisches von brennbaren Gasen oder Dämpfen und Luft dehnen sich also durch die dabei statthabende Wärmeentwicklung die Verbrennungsprodukte aus und üben so auf die Umfassungswände, je nach der Zusammensetzung des Gemisches und der Natur der Gase, einen mehr oder weniger großen Druck oder Stoß aus. Dieser Druck nun, der sich an den zerstörenden Wirkungen unabsichtlicher Gasexplosionen zeigt, wird in den Gasmaschinen zur nutzbringenden Arbeitsleistung verwendet.

Die Entzündungsgeschwindigkeit ändert sich mit dem Prozentgehalt der explosiven Gasmischung an brennbarem Gas, und weiteres zeigt sich überhaupt nicht jede beliebige Mischung von Luft und brennbarem Gas explosiv, sondern es müssen diese beiden in bestimmten Verhältnissen vorhanden sein, um ein explosives Gemenge zu erzeugen, bei dem die Entzündung durch den elektrischen Funken oder eine Flamme sich von einem bestimmten Punkte aus durch die ganze Gasmasse hindurch fortpflanzt. Dies wird nur dann der Fall sein, wenn durch die Verbrennung der zuerst entzündeten Gasmenge eine solche Temperatursteigerung entsteht, daß die benachbarten Gasschichten sich ebenfalls entzünden und in gleicher Weise die Entzündung auf die ganze Gasmasse übertragen wird. Ist ein sehr großer Luftüberschuß vorhanden, so bleibt die am Entzündungsherd eintretende Verbrennungstemperatur hinter der Entzündungstemperatur zurück, und eine Fortpflanzung der Verbrennung wird nicht stattfinden. Das gleiche wird der Fall sein, wenn durch einen Mangel an Luft bzw. Sauerstoff, also durch einen großen Überschuß des brennbaren Gases, die Verbrennung eine nur unvollkommene ist. Man erhält so zwei Grenzen für das Mischungsverhältnis von brennbarem Gas und Luft, zwischen denen das Explosionsbereich eingeschlossen ist: die untere Grenze mit Luftüberschuß und Mangel an brennbarem Gas, die obere Grenze mit Luftmangel und Überschuß an brennbarem Gas. Die Entzündungsgeschwindigkeit steigt von der unteren Explosionsgrenze angefangen kontinuierlich an, durchläuft ein Maximum jenseits des theoretischen Gemisches und sinkt von da wieder bis zur oberen Explosionsgrenze. Das Maximum der Entzündungsgeschwindigkeit fällt bei keinem Gase mit dem theoretischen Gemisch zusammen.

Die Vergleichung der ermittelten Explosionsgrenzen nach Versuchen, die in einer 19 mm weiten Glasbürette durchgeführt wurden, zeigt, daß diese bei den verschiedenen, explosive Mischungen gebenden Substanzen sehr verschieden sind, wie dies aus der nachstehenden Tabelle hervorgeht:

Prozentgehalt der Mischung an brennbarem Gas:

Art des Gases	Keine Explosion	Explosionsbereich	Keine Explosion
Kohlenoxyd	16,4	16,6—74,8	75,1
Wasserstoff	9,4	9,5—66,3	66,5
Wassergas	12,3	12,5—66,6	66,9
Azetylen	3,2	3,5—52,2	52,4
Leuchtgas	7,8	8,0—19,0	19,2
Äthylen	4,0	4,2—14,5	14,7
Alkohol	3,9	4,0—13,6	13,7
Methan	6,0	6,2—12,7	12,9
Äther	2,6	2,8— 7,5	7,9
Benzol	2,6	2,7— 6,3	6,7
Pentan	2,3	2,5— 4,8	5,0
Benzin	2,3	2,5— 4,8	5,0

Der Grund dieses verschiedenen Verhaltens liegt zum Teil in der chemischen Natur der einzelnen Gase, hauptsächlich aber in dem Sauerstoffbedarf, der zu ihrer Verbrennung erforderlich ist. Große Verbrennungswärme und leichtere Entzündlichkeit erweitern die Explosionsgrenze nach unten, während ein großer Sauerstoffbedarf der dichteren Dämpfe eine Verschiebung der oberen Explosionsgrenze nach rückwärts und eine Einschränkung des Explosionsbereiches bedingt. Die Sauerstoffmenge, die die einzelnen Gase zur vollkommenen Verbrennung bedürfen, ist eine sehr verschiedene (siehe die Tabelle auf Seite 14).

Bei einer vollkommenen, also ideal gedachten Verbrennung der für unsere Zwecke in Betracht kommenden Dämpfe und Gase würde sich aus deren Kohlenstoff nur Kohlendioxyd CO_2, aus ihrem Wasserstoff nur Wasser H_2O bilden können. Allein die

1 Volumen	bedarf zur Verbrennung Vol. O
Kohlenoxyd, Wasserstoff, Wassergas	$^1/_2$
Methan	2
Azetylen	$2^1/_2$
Äthylen, Alkoholdampf	3
Äther	6
Benzol	$7^1/_2$
Pentan (Benzin)	8
Leuchtgas etwa	1,2

Folge dieser Explosionsverbrennungen sind hohe Temperaturen, und bei diesen tritt bekanntlich eine Dissoziation, ein Zerfall in gewisse Bestandteile ein. Es finden also außerdem Spaltungen des schon gebildeten Kohlendioxyds und des Wasserdampfes in Kohlenoxyd bzw. Wasserstoff und Sauerstoff statt:

$$2\,CO_2 \rightleftarrows 2\,CO + O_2$$
$$2\,H_2O \rightleftarrows 2\,H_2 + O_2.$$

Bei hohen Temperaturen verlaufen diese beiden Reaktionen von links nach rechts unter Volumzunahme, bei niederen im umgekehrten Sinne unter Volumverminderung. Eine Druckerhöhung wird also beide Reaktionen in erster Linie zu verhindern suchen, d. h. das Gleichgewicht wird zum Kohlendioxyd bzw. zum Wasserdampf hin verschoben; beide Reaktionen sind also vom Druck beeinflußbar. Sind aber beide gleichzeitig vorhanden, so setzen sie sich bei den hohen Temperaturen der Flammen bzw. der Explosionen miteinander ins Gleichgewicht, und es bildet sich die Wassergasreaktion:

$$CO_2 + H_2 \rightleftarrows CO + H_2O,$$

die vom Druck unabhängig ist, da sie sich ohne Volumveränderung vollzieht und ihre Gleichgewichtszusammensetzung lediglich von der Temperatur geregelt wird. Bei den hohen Temperaturen der Explosionen besitzen die Gase genügend große Reaktionsgeschwindigkeit, daß sich das Gleichgewicht momentan einstellt.

Der Einfluß des Druckes wird nun darin zur Geltung kommen, daß die vier Gase gegenseitig in dem Sinne wieder aufeinander einwirken, daß eine Volumverminderung eintritt. Dies ist nur möglich, wenn Methan entsteht. Sowohl aus Kohlenoxyd und

Wasserstoff als auch aus Kohlendioxyd und Wasserstoff kann Methan entstehen:

$$2\,CO \rightleftarrows CO_2 + C$$
$$C + 2\,H_2 \rightleftarrows CH_4$$
$$CO_2 + 4\,H_2 \rightleftarrows CH_4 + 2\,H_2O.$$

Die Methanbildung kann auch nach der Sarau-Vielleschen Formulierung vor sich gehen:

$$2\,CO + 2\,H_2 \rightleftarrows CO_2 + CH_4.$$

Hieraus erklärt sich das Vorkommen von Methan in den von Slaby, Haber und Terres untersuchten Auspuffgasen von Motoren.

Bei der Explosion haben die Verbrennungsgase in der Hauptsache jedenfalls die Zusammensetzung, wie sie das Wassergasgleichgewicht für die betreffende Temperatur gibt. Der Methangehalt wird in allen Fällen, besonders bei hohen Temperaturen, gering sein.

Die Auspuffgase der Explosionsmotoren werden daher stets noch gewisse Mengen brennbarer Körper, wie Kohlenoxyd, Wasserstoff und Methan, enthalten, wie dies auch durch die Untersuchung von solchen nachgewiesen wurde. Es sind aber nach dem Geruche der Auspuffgase, der bei den verschiedenen Treibmitteln ein verschiedener ist, zweifellos auch noch andere Kohlenwasserstoffe oder aus Kohlenstoff, Wasserstoff und Sauerstoff bestehende Verbindungen darin enthalten.

Ist ferner der betreffende verbrennliche Körper schwefelhaltig, so entstehen schwefelige und Schwefelsäure; ebenso bilden sich bei hinreichend hohen Temperaturen aus dem Stickstoff der zur Verbrennung notwendigen Luft gewisse Mengen von Stickoxyden. (Über die evtl. Einwirkung dieser Produkte auf das Material des Explosionszylinders siehe später.)

Wir können nicht umhin, hier eine, wenn auch experimentell noch nicht begründete Anschauung auszusprechen. Wenn im Explosionsmotor bei den entsprechend hohen Temperaturen Kohlendioxyd und Kohlenwasserstoffe gleichzeitig nebeneinander vorhanden sind, was ja immerhin möglich ist, so dürften diese in folgender Weise aufeinander wirken:

$$CO_2 + C_xH_y = C_xH_{y-2} + CO + H_2O.$$

Dies dürfte ebenfalls die Ursache der Bildung von Kohlenoxyd und von anderen Kohlenwasserstoffen außer dem Methan sein.

Unter Umständen könnte nun einer dieser Kohlenwasserstoffe auch Azetylen C_2H_2 sein, von dem man ja weiß, daß es sich bei der unvollständigen Verbrennung vieler Kohlenwasserstoffe bildet, weshalb z. B. die Gase eines zurückgeschlagenen Bunsenbrenners 0,75—0,80% Azetylen enthalten. Wenn aber Azetylen und Kohlenoxyd oder Kohlendioxyd bei höheren Temperaturen aufeinander einwirken, so setzen sie sich, wie Frank gezeigt hat, nach folgenden Gleichungen um:

$$C_2H_2 + CO = 3\,C + H_2O$$
$$C_2H_2 + CO_2 = H_2O + CO + 2\,C.$$

Es entsteht dabei voraussichtlich nicht reiner elementarer Kohlenstoff, sondern Ruß, der außer Kohlenstoff stets noch gewisse Mengen Wasserstoff enthält. (Frank hat darauf ein Patent zur Darstellung eines vorzüglichen Rußes genommen.) Die im vorangehenden erörterten Prozesse nun dürften vielleicht auch — mit anderen — die Ursache der Rußbildung sein, die man häufig in den Explosionszylindern der Motoren beobachtet.

Was den Nutzeffekt der Motoren anbelangt, so wird in unseren Verbrennungsmaschinen nur ein verhältnismäßig kleiner Teil des Heizwertes der Brennstoffe in Arbeit umgewandelt, und zwar bei den Explosionsmotoren nur 20—25%, im Dieselmotor 30—33%. Diese schlechte Ausnutzung der Verbrennungswärme hat einmal ihren Grund darin, daß infolge der hohen Verbrennungstemperaturen eine Kühlung der Zylinderwände notwendig ist und auf diese Weise eine große Wärmemenge mit dem Kühlwasser abgeführt wird; ein anderer Teil geht direkt durch Strahlung und Leitung verloren. Der zweite Grund ist der, daß wir nicht imstande sind, das Ladungsgemisch nach der Verbrennung durch adiabatische Expansion bis auf Zimmertemperatur abzukühlen; die Abgase entweichen mit Temperaturen von 300 bis 500°. Der dritte Grund endlich ist die unvollständige Verbrennung der explosiven Gasmischung, weshalb, wie gesagt, in den Auspuffgasen stets noch brennbare Bestandteile enthalten sind.

III. Treibmittel aus Erdöl.

Das Erdöl war schon im frühen Altertum bekannt. Von eigentlicher Bedeutung für die Technik wurde es jedoch erst seit 1859, in welchem Jahre Drake die erste große Erdölquelle zu Titusville in Pennsylvanien erbohrte, worauf dann rasch die weiteren großen Funde folgten, und seitdem hat die Gewinnung von Erdöl einen ungeahnten Aufschwung genommen.

„Erdöl" ist die einzig richtige deutsche Bezeichnung für das in Frage kommende Naturprodukt. Naphtha usw. sind überhaupt keine deutschen und allgemein gültigen Bezeichnungen, und die besonders häufig dafür verwendete Bezeichnung Rohöl ist technologisch insofern ungerechtfertigt, als sie auch beim Braunkohlenteer und in der Industrie der fetten Öle vorkommt[1]).

Über die Entstehung des Erdöls ist eine Reihe von Theorien aufgestellt worden, deren Erörterung wohl nicht hierher gehört. Eine ausführlichere kritische Darstellung derselben findet sich in dem mehrfach benutzten Werke von Engler-Höfer: „Das Erdöl usw.", 5 Bände, ferner in Höfer: „Das Erdöl und seine Verwandten", 3. Auflage.

Die größten Erdölvorkommnisse haben die Vereinigten Staaten von Amerika zu verzeichnen, wo die Industrie mit ihren Bohrmethoden und Raffinieranstalten sowie die Petroleumbeleuchtung in Pennsylvanien und Neuyork seit 1859 begründet wurde. Zwar haben die alten „appalachischen" Ölfelder in den letzten Jahrzehnten stark abgenommen, es kamen aber später die „Limaöle" in Ohio und Indiana, die reichen Funde des Midkontinentfeldes, in Illinois, Texas und neuerdings besonders in Kalifornien und in Mexiko hinzu. Das schon im Altertum bekannte Erdöl von Baku am Südostende des Kaukasus am Kaspischen Meere wird seit 1872 ausgebeutet; das Öl findet sich dort auf einer kaum 6 qkm großen Fläche in Tertiärschichten, ebenfalls in gewaltigen Massen. Bedeutende Fundstellen besitzen ferner Rumänien und Galizien sowie Holländisch-Ostindien (Sumatra, Java, Borneo), Britisch-Ostindien (Birma) und Japan. Die deutschen Lager bei Wietze und Pechelbronn geben mäßige Erträge. Im übrigen tritt in fast allen Ländern hier und da Erdöl zutage (siehe darüber später).

---

[1]) Siehe die Ausführungen Donaths, Chem.-Ztg. 1913, S. 661.

Einen bedeutenden Anstoß erhielt die Entwicklung der Erdölindustrie durch John D. Rockefeller, der bereits Mitte der 60er Jahre elf Zwölftel der Raffinerien zur Standart Oil Company vereinigt hatte. 1870 hatte die Gesellschaft ein Kapital von 1 Mill. Dollars, 1881 war es bereits auf 70 Mill. Dollar (294 Mill. M.) angewachsen, und heute beträgt das Aktienkapital schon 400 Mill. Mark. Außer der Standart Oil Company, deren deutsches Zweighaus die Deutsch-Amerikanische Petroleumgesellschaft in Hamburg ist, beherrschen den Weltmarkt in Erdölprodukten noch die Koninklijk Nederlandsche Petroleum Maatschappij, auch Royal Dutch genannt, die Europäische Petroleum-Union und die Burmah Oil Company.

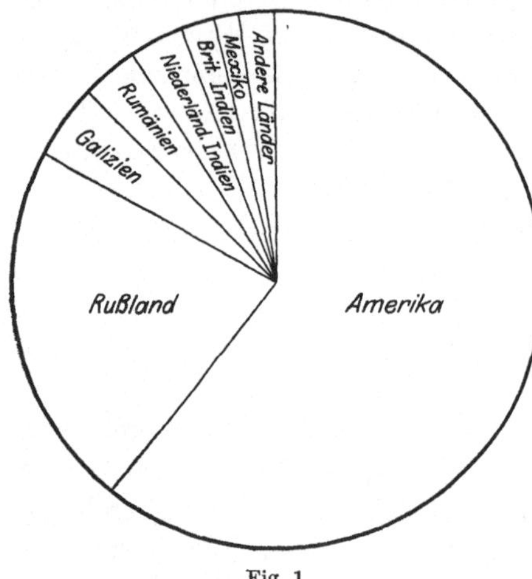

Fig. 1.

Die Verteilung der Erdölproduktion auf die verschiedenen Länder ist aus nebenstehender graphischer Darstellung ersichtlich, die sich auf das Jahr 1908 bezieht.

Nach seinerzeitigen Mitteilungen stellte sich die Weltproduktion an Erdöl in den Jahren 1909—1911 in 1000 t folgendermaßen (siehe die Tabelle auf Seite 19).

Demnach hat sich die gesamte Produktion der Welt an Erdöl seit 1909 von 39,9 Mill. t bis 1911 auf 44,4 Mill. t gehoben. Am stärksten partizipieren daran die Vereinigten Staaten von Nordamerika, deren Produktionsanteil in der genannten Zeit von 60,14 auf 64,03% gestiegen ist. Insbesondere war es Kalifornien, das seine Erzeugung im letzten Jahrzehnt von 0,5 auf 10 Mill. t gesteigert und damit seit kurzer Zeit selbst Pennsylvanien überholt hat. Da man weiter in Amerika jetzt den früheren Raubbau in einen geordneten Betrieb umzugestalten beginnt, so dürfte sich die Produktion, obwohl in neuerer Zeit größere Ölfelder nicht entdeckt wurden, in diesem Jahrzehnt noch erheblich steigern.

Weiter kommt hauptsächlich Rußland in Betracht, dessen

	1909		1910		1911	
	Produktion	% der Gesamterzeugung	Produktion	% der Gesamterzeugung	Produktion	% der Gesamterzeugung
Verein. Staaten von Amerika	23 995	60,14	27 452	63,16	28 469	64,03
Rußland	9 177	23,00	9 508	21,87	9 073	20,41
Rumänien	1297	3,25	1 352	3,11	1 544	3,47
Galizien	2 077	5,20	1 763	4,06	1 458	3,28
Niederländisch Indien . . .	1 475	3,75	1 496	3,44	1 595	3,59
Brittsch. Indien	890	2,22	818	1,88	800	1,80
Mexiko	332	0,83	444	1,02	850	1,91
Japan	268	0,67	257	0,59	280	0,63
Deutschland	143	0,31	146	0,34	140	0,32
Andere Länder	243	0,62	229	0,53	250	0,56
Zusammen	39 897	100,00	43 466	100,00	44 458	100,00

Produktionszahlen sich aber nur wenig erhöht haben und dessen prozentueller Anteil an der Gesamtproduktion sogar von 23 auf 20,41% zurückgegangen ist. Jedoch lassen die Funde am Schwarzen Meere, in der Krim und bei Maikop noch eine ungeahnte Entwicklung vermuten. Nicht die geologischen Verhältnisse, sondern die politischen, wirtschaftlichen und sozialen Verhältnisse der Kaukasusländer und die große Entfernung der Produktionsstätten vom Weltbedarf haben den dortigen Erdölbergbau zurückgebracht. Falls hier eine Gesundung eintritt, so wird bei der vorhandenen Grundlage die südrussische Erdölproduktion vielleicht noch einmal eine ebenso große Rolle auf dem Markte spielen wie Nordamerika.

Hervorzuheben sind ferner Rumänien, Galizien und Niederländisch-Indien, von denen gegenwärtig jedes Land mit über 3% an der Welterzeugung teilnimmt. Auch diese Ölfelder sind, wenn auch nicht in dem Maße wie die amerikanischen, noch sehr entwicklungsfähig, so daß auch hier in den nächsten Jahren eine große Vermehrung der Produktion zu erwarten ist. Endlich sei noch erwähnt, daß Deutschland von den überhaupt in Betracht kommenden Ländern die geringsten Erdölmengen erzeugt, indem sein Anteil an der Gesamterzeugung nur 0,32% ausmacht; eine schnelle Steigerung der Produktion ist vorläufig nicht vorauszusehen. Die Einfuhr betrug 1909 1,1 Mill. t, 1910 1,2 Mill. t und dürfte auch weiterhin langsam steigen.

Im Jahre 1914 betrug die Erdölausbeute der Welt nach einer im Septemberheft der Verhandl. d. Ver. z. Beförd. d. Gewerbefleißes enthaltenen Zusammenstellung 57,9 Mill. t gegen 52,3 Mill. t im Jahre 1913. Die Mehrausbeute ist in der Hauptsache wieder durch die gesteigerte Gewinnung der Vereinigten Staaten von Amerika erreicht, die eine Zunahme von 5,3 Mill. t aufweist. Bemerkenswert ist die Ausbeutesteigerung in Persien und Ägypten, während Österreich-Ungarn und Rumänien einen Minderertrag zu verzeichnen haben. Die Gesamtausbeute verteilt sich auf die einzelnen Länder in 1000 t wie folgt: Vereinigte Staaten von Amerika 38 500, Rußland 9 173, Mexiko 3 676, Rumänien 1 784, Holländisch-Indien 1 604, Britisch-Indien 1000, Österreich-Ungarn 750, Persien 400, Japan 280, Peru 260, Deutschland 150, Italien 6, sonstige Länder 337.

Wie aus allen diesen Zahlen ersichtlich ist, stehen weitaus an der Spitze der Erdölproduktion die Vereinigten Staaten, von denen 1912 beteiligt waren: Kalifornien mit 39%, Midkontinentfeld (Oklahoma, Kansas) mit 25%, Illinois mit 13%, Virginien und Ohio mit 10%, Texas und Luisiana mit 9,5% und Pennsylvanien mit nur 3,5%. Rußland ist stark zurückgeblieben; 84% seiner Produktion liefert Baku, 11% Grosny. Der Landtransport des Öles geschieht in eisernen Rohrleitungen, die die Vereinigten Staaten durchziehen und Baku mit der Hafenstadt Batum am Schwarzen Meere verbinden. Für den überseeischen Transport haben die Gebrüder Nobel in Baku die Tankdampfer eingeführt, die alten amerikanischen Holzfässer (Barrels, 159 l) sind für den Großtransport verlassen. Alle größeren Hafenplätze, auch in Deutschland, besitzen zur Aufstapelung der Erdölprodukte große Tanks.

Da die Produktion und die Verarbeitung von Erdöl nicht nur für Österreich-Ungarn, sondern auch für das Deutsche Reich von größerem Interesse ist, soll ihr hier eine etwas ausführlichere Berücksichtigung gewidmet werden.

Die deutschen Erdölvorkommen sind, wie schon erwähnt, im Vergleich zur Weltproduktion sehr gering. Nach einer Zusammenstellung des Kaiserl. statistischen Amtes wurden in Deutschland an Erdöl gewonnen:

	1910	1911
	145 168 t	142 992 t
im Werte von	10 146 000 M.	10 045 000 M.

Die Gesamteinfuhr an Mineralölen nach Deutschland betrug im Jahre 1910 10,83 Mill. dz und im Jahre 1911 16,71 Mill. dz im Werte von 113,7 bzw. 122,2 Mill. M. 1912 wurden eingeführt: 795 000 t (netto) raffiniertes Leuchtpetroleum im Werte von 62,9 Mill. M., davon 78% aus den Vereinigten Staaten und 16% aus Galizien, 241 000 t Schmieröle (41,3 Mill. M.), 198 000 t Rohbenzine (40,6 Mill. M.), 79 400 t Schwerbenzin und gereinigtes Benzin (15,7 Mill. M.) und 56 100 t Gasöle (3,6 Mill. M.), im Gesamtwerte von 164 Mill. M. Die Ausfuhr ist im Vergleich ohne Belang (22 300 t Schmieröle für 6,6 Mill. M.). Der Eingangszoll von 6 M. für 100 kg Öl erschwert die Einfuhr von rohem Erdöl. An Leuchtpetroleum verbraucht Deutschland pro Kopf 12 kg, doppelt so viel als vor 20 Jahren, und viel stärker noch hat der Verbrauch an Schmierölen und an Benzin zugenommen. 1 t rohes Erdöl kostet in Amerika je nach Qualität 7—50 M., in Wietze 70 M., 1 l (800 g) Leuchtpetroleum in Deutschland 15—20 Pf. im Kleinhandel, im Großhandel unverzollt 8 Pf.

Die Erdölgewinnungsstätten Deutschlands verteilen sich in der Hauptsache auf Hannover (Wietze) und Elsaß (Pechelbronn). Das deutsche Erdöl ist nicht reich an Benzin und Petroleum, gibt aber ein Schmieröl mittlerer Güte, das besonders für Eisenbahnzwecke glatten Absatz findet.

Die Produktion Österreich - Ungarns beträgt nach den oben angeführten Zahlen nur etwas über 3% der gesamten Weltproduktion; trotzdem steht dieses Land darin an dritter Stelle und wird nur von Amerika und Rußland übertroffen. Die Produktion und Ausfuhr betrug in Tonnen[1]: (siehe Tabelle Seite 22).

Der aus diesen Zahlen ersichtliche Rückgang in der Erdölgewinnung Österreich-Ungarns wurde bekanntlich durch einen Wassereinbruch in den wichtigsten galizischen Ölfeldern hervorgerufen und wird nur eine vorübergehende Erscheinung sein, weil man bei systematischer Exploration in Galizien ebenso wie in Rumänien neue Ölfelder finden wird.

Das Erdöl sowie sämtliche aus ihm gewonnenen Fraktionen

---

[1]) Eine statistische Zusammenstellung der Erdölproduktion der Hauptländer liefert auch G. Spieß, Die chem. Industrie 1913, S. 63. Er behandelt in diesem Aufsatze auch die Leuchtöldisponibilität für ein evtl. deutsches Petroleummonopol.

	Erdöl-gewinnung	Erdöl-verarbeitung	Leuchtöl-produktion	Leuchtöl-ausfuhr	hiervon nach	
					Deutschland	Schweiz
1904	823 943	589 009	328 413	70 715	37 485	5 613
1905	794 391	662 732	397 177	129 372	39 079	6 500
1906	737 194	831 255	416 106	136 654	57 059	9 828
1907	1 125 806	977 168	389 592	113 274	66 573	8 346
1908	1 718 030	1 136 560	509 157	187 328	116 254	14 004
1909	2 086 341	1 508 350	577 630	232 732	125 496	18 518
1910	1 762 560	1 438 250	567 000	213 384	111 720	16 800
1911	1 458 275	1 400 390	540 000	176 400	102 720	18 464

stellen im allgemeinen sowohl vorzügliche flüssige Brennstoffe als auch Treibmittel für Motoren verschiedener Systeme dar. Sie stehen, was teilweise Zündbarkeit, insbesondere aber Verbrennlichkeit anbelangt, gewissermaßen an erster Stelle dieser Materialien. Nimmt man eine Weltproduktion an Erdöl von mindestens 40 Mill. t jährlich an, so ergibt dies nach entsprechender Umrechnung mittels gegebener Erfahrungsdaten die Möglichkeit einer Gesamterzeugung von 11,4 Mill. Jahres-P. S. Jedoch werden jene nur zum kleineren Teile für den Kraftverbrauch benutzt, da das Erdöl schätzungsweise zu 55% als Leuchtöl in Form von Petroleum sowie von Benzin, zu 15% als Schmieröl und nur zu 30% als Kraftöl in Gestalt von Gasolin und Benzin für Explosionsmotoren und in Form von rohem Erdöl und Rückständen als Brennstoff für Dampfkessel verwendet wird. Im Dienste der Weltkraftwirtschaft stehen daher derzeit etwa 3,5 Mill. P. S., die aus Erdöl gewonnen werden.

Bezüglich des noch vorhandenen Weltvorrates an Erdöl liegen derzeit noch keine übereinstimmenden fachmäßigen Schätzungen vor. Nimmt man z. B. an, daß noch etwa die 10fache Menge der von 1860 bis jetzt geförderten 540 Mill. t im Schoße der Erde ruht, so käme man auf einen noch vorhandenen Vorrat von noch 5000 Mill. t, die bei einer Jahresförderung von 50 Mill. t (1910 44 Mill. t) noch für 100 Jahre ausreichen würden. Ein Vielfaches davon dürfte wohl kaum zu erwarten sein, höchstens das Doppelte, vielleicht aber auch weniger, so daß, da eine nennenswerte Nachbildung nicht stattfindet, schon in absehbarer Zeit mit der Abnahme bzw. schließlich dem Ende der Erdölproduktion gerechnet werden muß.

Es ist jedoch neuerdings das Vorkommen von Erdöl an sehr vielen Stellen der Welt festgestellt worden, wo dessen Verwertung erst in Angriff genommen wird oder zufolge der mangelnden Aufgeschlossenheit des Landes derzeit überhaupt noch nicht möglich ist. Weiter sind uns aber auch gewiß noch nicht alle Erdölquellen der Welt bekannt, da wir ja z. B. das Innere von Asien, Afrika, Australien und Südamerika in dieser Hinsicht noch fast gar nicht kennen.

So weist u. a. auch Kraemer darauf hin, daß die Auffindung und Erbohrung von Erdöl mit jedem Jahre eine verbreitetere und umfangreichere wird. Sie betrug im Jahre 1906 28 621 566 t und stieg bis zum Jahre 1911 auf 44 458 675 t, hat also in diesen 5 Jahren um 55% zugenommen. Daraus ist ersichtlich, daß für die Gewinnung von Erdöl immer mehr Länder in Betracht kommen und seine Mengen mit wenigen Ausnahmen stetig wachsen. Und dieser Zustand ist noch keineswegs zum Abschluß gekommen. Man kann mit Sicherheit voraussagen, daß Länder wie Mexiko, Holländisch- und Britisch-Indien, Japan und China noch ganz bedeutende Mengen mehr liefern werden, sobald die Bohrungen den so verschiedenen Terrains und dem wechselnden Charakter des Erdöls besser angepaßt sind. Denn in der Erkenntnis, wo das Erdöl zu suchen ist, hat man recht ansehnliche Fortschritte gemacht, seitdem man weiß, welchem Ausgangsmaterial und welchen geologischen Vorgängen seine Entstehung zu danken ist. Es werden nicht nur die jetzt schon bekannten Fundstätten energischer ausgebeutet, sondern auch neue ergiebige Vorkommen erschlossen werden. Was eine verstärkte Bohrtätigkeit zu leisten vermag, zeigen die Vereinigten Staaten von Amerika, deren Erzeugung, obwohl ihr Beginn schon ein halbes Jahrhundert zurückliegt, stetig zugenommen hat und im letzten Jahrzehnt von 9 159 874 auf 28 468 714 t gestiegen ist. Auch damit scheint der Höhepunkt noch nicht erreicht zu sein. Wenn an manchen Orten, wie in Rußland und Galizien, die Ausbeute auch einmal zeitweilig zurückgegangen ist, so lag dies an besonderen Verhältnissen. In Rußland war es die revolutionäre Bewegung unter der Arbeiterbevölkerung von Baku, deren Zerstörungswut eine große Anzahl von Rohrrigs zum Opfer fiel, in Galizien die übertriebene Bohrtätigkeit in den Jahren 1908/10. Diese verursachte eine beispiellose Entwertung des Erdöls, verbunden mit dem überstürzten Bohrbetriebe in Tustanowice, wodurch die ergiebigste Fundstätte Galiziens der Erschöpfung entgegengeführt wurde. Beide Länder werden aber wieder zu aufsteigender Entwicklung kommen. Insbesondere sind in Galizien Erdölvorkommen bekannt, von denen ein ähnlicher Reichtum erwartet werden kann, wie er in Schodnica, Boryslaw und Tustanowice sich erwiesen hat.

Nicht anders liegt die Frage bezüglich der Auffindung neuer Erdölfundstätten in noch weiteren Ländern. Ägypten, Peru, Kleinasien beginnen schon in die Produktion einzutreten, und noch viele andere werden nachkommen. Das Erdöl ist überall dort, wo die Bedingungen dazu gegeben waren, wenn auch vielleicht nicht in solcher Menge wie die Steinkohle, so doch in ähnlicher Häufigkeit entstanden. Von einer alsbaldigen Erschöpfung oder einem Nachlassen der Erdölgewinnung kann hiernach keine Rede sein.

Jedoch sagt anderseits diesbezüglich Prof. Dr. J. Wolf in seinem Buche „Die Volkswirtschaft in Gegenwart und Zukunft": „So wie die brennbaren Erdgase der Umgebung von Pittsburg infolge des dort betriebenen Raubbaues und unglaublicher Verschwendung wider Erwarten bald versiegten, und wie wohl auch an anderen Orten mit solchen Gasquellen in absehbarer Zeit aufgeräumt sein wird, so werden vielleicht die jüngsten der jetzt lebenden Generation noch eine starke Erschütterung ihres Glaubens an die Unerschöpflichkeit der Erdölquellen erleben. In der Tat dürfte — wenigstens nach meiner Meinung — bei dem ganz enorm steigenden Bedarf schon in etwa 100 Jahren eine Klemme im Erdölbezug sich in empfindlicher Weise bemerkbar machen. Woher dann — mag auch das Leuchtpetroleum durch andere Lichtquellen leichter ersetzbar sein — Benzin, Treib- und Gasöle zum Betriebe unserer Kleinmotoren, für unsere Kraftfahrzeuge, Flugapparate, Luftschiffe usw. gewonnen werden sollen, entzieht sich vorerst noch realen Vorstellungen. Aber auch wo die Phantasie nachhilft mit neuen Kraftquellen, stoßen wir auf ein Ende durch deren Erschöpfung oder doch auf deren Unzulänglichkeit. Die Kohlen, die Eisenerze und viele andere Rohmaterialien, die die Grundlagen unseres heutigen Industrielebens bilden, werden folgen."

Zur unmittelbaren Verbrennung als Heizöl eignen sich nur Erdöle von höherem Flammpunkt. Galizische Erdöle sind z. B. zur Lokomotivfeuerung als solche wegen ihres Benzingehaltes nicht geeignet, da sie dadurch feuergefährlich werden, schon in den Leitungsrohren mitunter größere Dampfspannungen hervorrufen und auch explosive Eigenschaften besitzen. Man muß deshalb solchen Erdölen zwecks ihrer Verwendung zu obigem Zwecke das Benzin, also im allgemeinen die bis 150° übergehenden Anteile, durch Fraktionierung entziehen (siehe später).

Das Benzin hatte bis vor wenig mehr als 20 Jahren eine verhältnismäßig beschränkte Verwendung und infolgedessen einen relativ sehr geringen Wert. Das sog. Hydrür wird zur Erzeugung von Luftgas verwendet, das spezifisch schwerere Benzin namentlich zur Fettextraktion und in den chemischen Wäschereien. Wegen der letzteren Verwendungsart wurde das Benzin auch geringschätzend „Waschwasser" genannt. Erst die außerordentlich rasche Entwicklung des Automobilismus und dann die der Aviatik rief eine rapide Steigerung der Benzinpreise hervor.

Gröling macht hierüber in der Zeitschrift „Deutsch-Österreich" folgende Angaben: Im Jahre 1889 sahen die österreichischen Petroleumraffinerien das Benzin immer noch als lästiges Nebenprodukt ohne besondere Verwendung im Lande an und waren froh, es franko Oderberg um 3 M. pro 100 kg loszuwerden. Zur Zeit wird jener Artikel je nach spez. Gewicht mit 47 Kr. bis selbst 120 Kr. pro 100 kg (Hydrür) bezahlt. Die holländisch-indischen Gesellschaften haben noch vor gar nicht langer Zeit dieses „unverkäufliche" Erzeugnis am Strande der Sundainseln nutzlos verbrannt, so daß ungeheure Rauchsäulen von weitem schon den Schiffen bezeichneten, daß sie sich den Inseln näherten. Gröling selbst hatte für Direktor Keßler, dem Gründer und ersten Direktor der Bataaff'schen Petroleum Maatschappi, im Jahre 1896 eine Destillationsanlage für Sumatra zu entwerfen, wobei ihm als großer Übelstand des Rohproduktes sein reicher Benzingehalt (über 40%) bezeichnet wurde. Erst im Jahre 1902 dachte diese Gesellschaft daran, Benzin nach Europa zu bringen und daselbst zu rektifizieren, und im Jahre 1903 errichtete Gröling für sie die erste Benzinrektifikation in Rotterdam. Seitdem hat sich das Benzingeschäft der „Bataaff'schen" lawinenartig vergrößert und liefert enorme Reichtümer. Sie beherrscht mit der Asiatic Petroleum Comp. den Benzinhandel Europas.

Das Rohöl von Borislaw-Tustanowice enthält nicht viel an

Benzinen (7—9%). Nach Gröling (an angeführtem Orte) sind neuerdings vielversprechende Terrains bei Bytkow angegangen worden, deren Erdöl einen Benzingehalt von über 40% besitzt.

Als um das Jahr 1907 in Galizien die Erdölgruben von Tustanowice eine beispiellose Ergiebigkeit aufwiesen und für den Überschuß keine Reservoire da waren, so daß der Marktpreis von 85 Heller bis 1 Kr. für 100 kg die ganze Branche schwer erschütterte, griff die österreichische Regierung mit ihrer bekannten Sanierungsaktion ein. Sie schloß mit dem Landesverband der galizischen Erdölproduzenten einen langfristigen Vertrag ab, der den Verband verpflichtete, bis zum Jahre 1915 allmählich ein Quantum von 240 000 Zisternen zum Durchschnittspreise von 2,80 Kr. pro Doppelzentner an den Staat abzuliefern.

Über Anregung Grölings wurde 1908 die Erreichtung einer großen Anlage in Drohobycz (jetzt k. k. Mineralölfabrik) mit einem Kostenaufwande von 14 Mill. Kr. errichtet, die zunächst den Zweck hatte, das rohe Erdöl durch Destillation von seinem Benzingehalt zu befreien, um es als Heizöl für die Lokomotivfeuerung verwendbar zu machen, da, wie bereits gesagt, ein benzinreicheres Erdöl sich dazu wegen seiner Explosionsgefahr und aus anderen Gründen nicht eignet.

Nach einem Vortrage von Herbst (gehalten im Österreichischen Ingenieur- und Achitektenvereine am 14. Januar 1911) wurde damals nicht nur Benzin, sondern auch ein Teil des Petroleums (zusammen 25%) gewonnen und der Rest (ca. 75%) der verarbeiteten Erdöle als dickflüssiger Destillationsrückstand mit einem Heizwert von über 10 000 WE als Heizöl verwendet. Bei den gegenwärtig hohen Preisen des Leuchtpetroleums ist es ja wohl auch zweckmäßig, aus dem rohen Erdöl alle besser verwendbaren Fraktionen vollständig zu entfernen und nur die so erhaltenen Rückstände als Heizmaterial zu verwenden. In dieser Richtung hat die Lemberger Handels- und Gewerbekammer infolge einer Eingabe des Landesverbandes der Rohölproduzenten an das Ministerium für öffentliche Arbeiten eine Eingabe gerichtet, in der sie die allmähliche Auflassung bzw. Einschränkung der sog. Rohölfeuerung auf den k. k. Staatsbahnen empfiehlt, da dies, abgesehen von verschiedenen Gründen, bei den fortwährend steigenden Preisen des Leuchtpetroleums derzeit unrationell ist und zur beträchtlichen Verteuerung des Leuchtpetroleums für das konsumierende Publikum beitragen würde, was von sozialpolitischem Standpunkte aus nicht unbedenklich wäre. Die Lemberger Handelskammer faßte aber auch schließlich den Beschluß, daß eine Änderung im Besitze und Betriebe der k. k. Mineralölfabrik in Drohobycz nicht eintreten solle, daß es vielmehr angezeigt erscheint, in Hinblick auf die Notwendigkeit einer einwandfreien objektiven Regulierung der Preise der Naphthaprodukte diese Fabrik, die einen Musterbetrieb darstellt, auch weiterhin im Besitze und in der eigenen Verwaltung des Staates zu belassen.

Es ist zweifellos, daß das Eingreifen des Staates im Jahre 1907 in dieser Weise vollständig gerechtfertigt war und sowohl den österreichischen Erdölproduzenten als auch dem österreichischen Staate finanzielle Vorteile brachte. Bei den heutigen Verhältnissen kann man in Übereinstimmung mit den Beschlüssen der Lemberger Handelskammer wohl verlangen, daß in der k. k. Mineralölfabrik in Drohobycz alle im Erdöl enthaltenen Bestandteile, die in ihrem Preise den bloßen Heizwert weit übertreffen, aus dem Erdöl wirklich gewonnen und überwiegend nur die Rückstände als Heizöle verwendet werden.

Aus vorstehendem ergibt sich erstens, daß das rohe Erdöl weder direkt als flüssiger Brennstoff noch als Treibmittel für Motoren benutzt werden soll, da die aus ihm gewinnbaren Fraktionen einen ungleich größeren Wert repräsentieren, als seinem Heizwert allein entspricht. Das Erdöl direkt zu verwenden ist ebenso wirtschaftlich unrationell, wie wenn man eine gute Backkohle direkt auf dem Rost verheizen würde. Zweitens ergibt sich, daß das im Inland gewonnene Erdöl auch vollständig im Inlande ausgewertet werden soll, da die daraus gewonnenen Produkte auch im Inlande eine steigende Verwendung finden und voraussichtlich auch eine Preissteigerung und wahrscheinlich nicht eine Preiserniedrigung erfahren werden. Die Ausfuhr von Erdöl ist deshalb möglichst einzuschränken[1]).

Daß demnach die Verwendung des rohen Erdöls als solches

---

[1]) Diese Maßnahme liegt selbstverständlich im engeren Interesse des betreffenden Staates, also hier Österreich-Ungarns, und dürfte einem so eng Verbündeten, wie das Deutsche Reich, gegenüber gegebenenfalls nicht zur Durchführung gelangen.

ohne jede Frage eine außerordentliche Verschwendung eines kostbaren Materials bedeutet, wird jetzt langsam klar. Es ist widersinnig, ein Material, aus dem eine Reihe wertvollster Produkte erhalten werden kann, ganz einfach zu verbrennen, statt — wenn schon — die am wenigsten wertvollen daraus gewonnenen Zwischenöle, Gasöle usw. für diesen Zweck zu verwenden.

Die Gewinnung des Erdöls erfolgt durch Bohrlöcher, die trocken oder rascher mit Wasserspülung niedergetrieben und mit teleskopartig ineinander geschobenen Eisenrohren ausgekleidet werden. Aus den Bohrlöchern wird, nachdem sie in der Tiefe durch Sprengen mit Nitroglyzerin erweitert wurden, das Öl meist heraufgepumpt. In der Regel ist es von Salzwasser und von Naturgas begleitet, und zuweilen schießen mächtige „Ölspringer" empor; manche Quellen sind jahrelang ergiebig, manche schon nach Wochen erschöpft.

Das Erdöl ist an keine geologische Formation gebunden; es findet sich schon im Silur und Devon, jedoch nicht im Kambrium; die Öle von Baku und den Karpathen stammen aus dem Tertiär. Aus den „primären Imprägnationsschichten" steigt es, durch Gasdruck und Wasser gehoben, nach oben und verbreitet sich kapillar in porösen Sandschichten; man trifft es da in Gebieten starker Verwerfungen, und die Bohrtürme stehen dicht gedrängt auf engen Zonen, scharf begrenzt gegen ölleeres Gebirge.

Die Hauptbestandteile aller Erdöle sind Kohlenwasserstoffe verschiedener Reihen, zumeist die gesättigten Methane C_nH_{2n+2}, und die Naphthene C_nH_{2n}; erstere herrschen im pennsylvanischen, letztere im Bakuöl vor. Isoliert sind aus jenem Pentane, Hexane und z. B. $C_{13}H_{28}$ (Siedepunkt 225°), $C_{18}H_{38}$ (Siedepunkt 300°); aus Bakuöl: Hexanaphthen (Hexahydrobenzol, C_6H_{12}, Siedepunkt 81°), Heptanaphthen (C_7H_{14}, Siedepunkt 100°), $C_{15}H_{30}$ (Siedepunkt 247°), zyklische Polymethylene, die sich von den isomeren ungesättigten Olefinen dadurch unterscheiden, daß sie kein Brom addieren. Benzol und dessen Homologe sind seltener vorhanden. Ungesättigte Kohlenwasserstoffe, Olefine C_nH_{2n} und noch wasserstoffärmere und deren Polymerisationsprodukte sind die Ursache, daß die Erdöle an der Luft langsam oxydieren und verharzen. Auch feste Paraffine kommen überall vor; reich daran sind die galizischen Öle (5—8%), sehr arm die Bakuöle (0,5%).

Namentlich in den Vereinigten Staaten wird viel rohes Erdöl (40% der Produktion) als solches verfeuert, was, wie auseinandergesetzt, äußerst unwirtschaftlich ist. Bei uns dagegen erfolgt die Verarbeitung des Erdöls in den Mineralölraffinerien durch fraktionierte Destillation und darauffolgende Raffination. Bei der Destillation verdampfen die einzelnen im Erdöl enthaltenen Kohlenwasserstoffe bzw. Kohlenwasserstoffgruppen, sobald durch die fortschreitende Erhitzung ihr Siedepunkt erreicht ist; die entstehenden Dämpfe werden durch Kühlung niedergeschlagen und die Kondensate getrennt aufgefangen. Die Isolierung der einzelnen chemischen Individuen ist nach dem heutigen Stande der Technik noch nicht möglich, man erzielt durch dieses Verfahren nur eine Trennung der vorhandenen Kohlenwasserstoffe in mehrere bestimmte, technisch verwertbare Gruppen.

Die Trennung erfolgt zunächst meistens in 5 Hauptfraktionen:

1. Rohbenzin, bis 150° siedend, spez. Gewicht 0,65—0,77.
2. Leuchtpetroleum, Siedepunkt 150—300°, spez. Gewicht 0,75—0,87.
3. Gasöle, Siedepunkt 300—350°.
4. Schmieröle, über 350° siedend, spez. Gewicht 0,87 bis 0,95; stets unter Vakuum und mit überhitztem Dampf destilliert.
5. Rückstand: Schwarze Pechharze, auch Goudron oder Asphalt genannt.

(Siehe hierzu auch das Schema nach Schmitz auf Seite 30.)

Je nach ihrer Herkunft zeigen die Erdöle große Verschiedenheiten in bezug auf ihren Gehalt an diesen Bestandteilen; so enthält z. B.:

Erdöl von	spez. Gew.	Benzin	Leucht-petroleum mit Gasöl	Schmieröl und Rückstand
Pennsylvanien .	0,79—0,82	10—20%	55—70%	10—20%
Galizien . . .	0,82—0,90	5—20 „	35—50 „	30—45 „
Ohio	0,80—0,85	10—20 „	30—40 „	35—50 „
Baku	0,83—0,90	2—10 „	25—35 „	50—65 „
Celle-Wietze . .	0,88—0,93	0—5 „	5—15 „	75—90 „

Die großen Raffinerien arbeiten entweder diskontinuierlich in Einzelkesseln oder — meist — kontinuierlich in liegenden Walzenkesseln, die, zu einer Batterie vereinigt, terrassenförmig aufgestellt sind und während der Destillation von dem Öl durchflossen werden.

An die Destillation schließt sich die Raffination an, die zunächst in einer Mischung der betreffenden Fraktion mit konzentrierter Schwefelsäure besteht. Die Wirkung der Schwefelsäure ist eine mannigfache; sie sulfoniert gewisse Kohlenwasser-

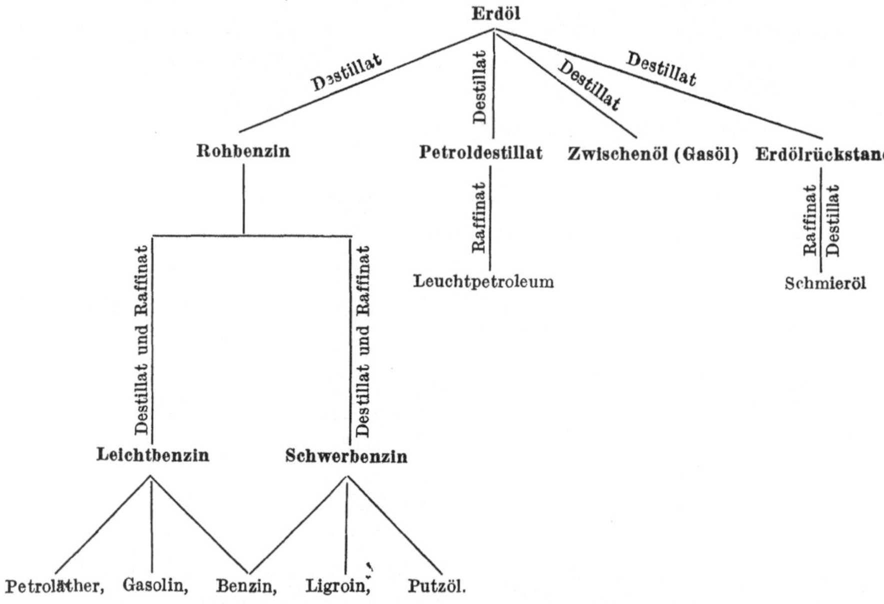

stoffe, wirkt oxydierend und verharzt andere Substanzen, wobei sie sich mehr oder weniger dunkel färbt. Dann folgt das Neutralisieren mit verdünnter Natronlauge, wodurch die Petrolsäuren, Sulfonsäuren und Reste von Schwefelsäure und schwefliger Säure beseitigt werden. Schließlich folgt völliges Auswaschen mit Wasser. Die Raffination wird in großen eisernen, unten konisch verjüngten Gefäßen, Agitateure genannt, vorgenommen.

Als Motorentreibmittel kommen von den Erdölprodukten derzeit namentlich Benzin und Petroleum in Betracht.

1. Das Benzin.

Die Zusammensetzung der als Benzin bezeichneten Fraktion, die die bis 150° C übergehenden Bestandteile des Erdöls umfaßt, ist je nach dessen Provenienz eine ganz verschiedene. Namentlich auch das spez. Gewicht des Benzins wird durch die Herkunft des Rohproduktes beeinflußt. So enthalten z. B. die Benzine aus amerikanischen und galizischen Erdölen fast ausschließlich Homologe der Methanreihe:

		Elementar-Zusammensetzung		Siedepunkt
		C	H	
Pentan	C_5H_{12}	83,33%	16,67%	37° C
Hexan	C_6H_{14}	83,72 „	16,28 „	69 „
Heptan	C_7H_{16}	84,00 „	16,00 „	98 „
Oktan	C_8H_{18}	84,21 „	15,79 „	125 „

Die russischen Benzine dagegen enthalten vorwiegend Kohlenwasserstoffe der Naphthenreihe:

Zyklohexan . .	C_6H_{12}	85,71%	14,29%	80— 82°C
Heptanaphthen	C_7H_{14}	85,71 „	14,29 „	100—101 „
Oktonaphthen .	C_8H_{16}	85,71 „	14,29 „	119 „
Nononaphthen	C_9H_{18}	85,71 „	14,29 „	135—136 „

Auch das indische Benzin enthält hauptsächlich Glieder der Naphthenreihe, daneben aber auch noch Bestandteile der Benzolreihe. Daher hat es bei gleichen Siedegrenzen ein höheres spez. Gewicht als das pennsylvanische. So hat z. B. ein Automobilbenzin aus pennsylvanischem Rohbenzin ein spez. Gewicht von 0,695 bis 0,705, während die gleiche Qualität aus indischem Rohbenzin ein solches von 0,705 bis 0,715 aufweist.

Die Einteilung und Benennung der verschiedenen Benzine ist noch keine einheitliche. So werden z. B. die Produkte aus der k. k. Mineralölfabrik in Drohobycz bezeichnet wie folgt:

Sorte	I	für Flugzeuge	0,678/682
„	II	Automobilbenzin	0,695/700
„	III	Motorenbenzin	0,705/712
„	IV	Fleckenbenzin	0,715/720
„	V	Extraktionsbenzin.	0,725/740

Sorte VI	Schwerbenzin	0,740/750
„ VII	„	0,750/760
„ VIII	„	0,760/770
„ IX	„	0,770/780

Schmitz gibt in seinem mehrfach genannten Buche für Benzine galizischen Ursprungs folgende Zusammenstellung:

	Spez. Gew. bei 15° C.:	Siedegrenzen:
Gasolin I (Petroläther)	0,650/60	30/80°
Gasolin II (Leichtbenzin)	0,660/80	30/95°
Autoluxusbenzin	0,690/700	50/105°
Automobilbenzin I	0,700/705	50/110°
Motorenbenzin I	0,715/20	50/115°
Handelsbenzin	0,725/35	70/115°
Waschbenzin (Ligroin)	0,740/50	80/120°
Schwerbenzin (Mineralterpentinöl, . . Lackbenzin)	0,750/60	80/130°

Dr. K. Dieterich[1]), wohl einer der besten Kenner der Chemie der Treibmittel für Kraftfahrzeuge, schlägt folgende Einteilung der Motorenbenzine nach dem spez. Gewicht vor:

Klasse A.: Motorenleichtbenzine, 0,650 bis 0,700.

Die Vertreter dieser Gruppe sind die sog. Autoluxus- und Primaluxusbenzine zu hohem Preise.

Klasse B.: Motorenmittelbenzine, 0,701—730.

Hierher gehören die verschiedenen Automobilbenzine I und II und die unter Phantasienamen gehandelten Produkte, die augenblicklich in den verschiedensten Mischungen zu mittlerem Preise für Kraftwagen Verwendung finden.

Klasse C.: Motorenschwer- und Nutzbenzine, 0,731—0,760 und höher.

Hierher gehören die Motorenbenzine I und II und die zahlreichen unter Phantasienamen gehandelten schweren Produkte zu billigem Preise, die in der Hauptsache für Nutz- (Last-) Wagen Verwendung finden. Hierzu rechnen auch die ganz schweren Betriebsstoffe für stehende Motoren, Petroleum- und Dieselmotoren, soweit sie aus dem Erdöl und seinen Anteilen stammen.

Derselbe stellt ferner für die Beurteilung eines Motorbetriebsstoffes auf Grund des spez. Gewichtes nachstehende Reihe auf:

---

[1]) Mitteleuropäischer Motorwagen-Verein Nr. 18.

Gefundenes spez. Gewicht:	Der Betriebsstoff ist:
0,650—0,700	Leichtbenzin (Luxusbenzin)
0,701—0,730	Mittelbenzin
0,731—0,760 und höher	Schwer- und Nutzbenzin
0,822—0,825	95 proz. Motorspiritus denatur.
0,830—0,835	90 proz. Brennspiritus denatur.
0,880—0,885	90 proz. Motorenbenzol
0,886 und höher	Schwerbenzole, Leuchtbenzol

Der deutsche Benzinbedarf wird hauptsächlich durch die Einfuhr aus Amerika und Niederländisch-Indien gedeckt. Einen nicht unerheblichen Anteil liefern auch Rumänien, Rußland und Galizien. Die Einfuhr betrug in den Jahren 1910 und 1911:

	1910	1911
Rohbenzin:		
Gesamteinfuhr	1 464 502 q	1 879 827 q
davon aus:	1910	1911
Vereinigte Staaten	461 787 q	763 330 q
Niederländisch-Indien . .	499 359 „	405 994 „
Rumänien	262 204 „	372 328 „
Rußland	160 943 „	214 168 „
Galizien	80 147 „	123 562 „
Gereinigtes Benzin:		
Gesamteinfuhr	84 283 „	73 872 „
davon aus:		
Galizien	62 294 „	51 519 „
Vereinigte Staaten	16 664 „	18 403 „
Schwerbenzin:		
Gesamteinfuhr	64 907 „	141 489 „
davon aus:		
Niederländisch-Indien . .	43 338 „	101 146 „
Galizien	20 978 „	30 148 „

Über die Größe der Produktion und des Konsums von Benzin in den Vereinigten Staaten gibt die folgende Tabelle Aufschluß (alles in Barrels)[1]):

	Benzin-Produktion	Benzin-Ausfuhr	Differenz (Konsum u. Lager)
1899	6 680 000	297 000	6 383 000
1904	6 290 000	594 000	6 326 000
1909	12 900 000	1 640 000	11 260 000
1914	34 915 000	5 000 000	29 915 000
1915	41 600 000	6 500 000	35 100 000

[1]) Petroleum 1916, Nr. 18.

Die Ausbeute an Benzin aus dem Erdöl der einzelnen Felder ist deshalb schwer festzustellen, weil schon das auf den Feldern gewonnene Erdöl in physikalischer und chemischer Hinsicht in den einzelnen Gebieten durchaus wechselt. Danach würde sich für die 10 Hauptfelder etwa folgendes ergeben:

	Gegenwärtiger Benzingehalt %	Bisher. Prod. in Mill. B. inkl. 1915	Geschätzter Prozentsatz der Erschöpfung des Feldes
Appalachisches Feld	25	11 150	74
Lima-Indiana-Feld	12	438	93
Illinois-Feld	18	251	60
Mid-Continent-Feld	18	617	50
Nord-Texas-Feld	20	44	41
Nordwest-Louisiana	20	58	47
Golfküsten-Feld	3	236	79
Colorado	20	11	79
Wyoming	20	12	5
Kalifornien	2,5	835	34

Trotz der steigenden Benzingewinnung ist auch ein ebenso steigender Benzinverbrauch festzustellen. Die Ausfuhr ist von 1913—1915 nicht sehr erheblich gestiegen, wenn man die Steigerung der Produktion ins Auge faßt. Man darf aber nicht vergessen, daß der heimische Benzinverbrauch in den Vereinigten Staaten ein um so bedeutenderer ist. Das geht am besten aus der Entwicklung der Automobilindustrie hervor. Die Zahl der in Tätigkeit befindlichen Motorwagen belief sich 1899 auf nur 10 000, 1905 auf 85 000, 1910 auf 400 000, 1911 auf 600 000, 1912 auf 677 000; anfangs 1913 wurden 1 010 483, anfangs 1914 1 253 875, anfangs 1915 1 754 570 und anfangs 1916 2 225 000 Automobile in den Vereinigten Staaten gezählt. Nimmt die Zahl der Kraftwagen auch nur in demselben Verhältnis wie in den Vorjahren zu, so wird man anfangs 1917 mit einer Ziffer von 3 Millionen zu rechnen haben. Dazu kommen noch etwa 30 000 Motorboote, 45 000 sonstige fahrbare Motore und 30 000 Motore auf den Farmen. Man sieht also, daß die Benzinproduktion große Anstrengungen machen muß, um den steigenden Verbrauch an Kraftstoffen für die Motorwagen zu decken.

Das Benzin ist (ebenso wie Benzol, Spiritus usw.) zu den explosiven Flüssigkeiten zu rechnen. Diese können als solche nicht zur Explosion gebracht werden, explosibel sind nur ihre Dämpfe in Gemisch mit einer bestimmten Menge Sauerstoff bzw. Luft und die Explosionen erfolgen innerhalb bestimmter Explosionsgrenzen, während oberhalb und unterhalb dieser keine Entflammung bzw. Wirkung eintritt. Die Lagerung derartiger Flüssigkeiten muß unter bestimmten Vorsichtsmaßregeln vorgenommen werden[1]).

Um bei einer Zündung der Benzindämpfe einen Rückschlag der Flamme in das Lagergefäß und damit eine Explosion des in dem von der Flüssigkeit nicht ausgefüllten Raume befindlichen Benzindampfluftgemisches zu verhindern, wurden die Behälter mit Rückschlagsicherungen versehen. Dabei zeigte es sich, daß die Anwendung gewöhnlicher Sicherheitsnetze hierzu keine vollständige Sicherheit bietet, da unter bestimmten Verhältnissen doch ein solcher Rückschlag stattfinden kann. Absolute Sicherheit gewährleisten dagegen die Kapillarsicherungen der Dampfapparatebaugesellschaft m. b. H. in Wien.

Die explosiven Flüssigkeiten besitzen aber außerdem die Eigenschaft der elektrischen Erregbarkeit und nehmen Volumladung an. Infolge der Reibung der Flüssigkeit an der Gefäßwand oder einem chemisch verschiedenen Stoff wird Elektrizität von hohem Potential gebildet, die unter Umständen zur Entladung kommt und das oberhalb befindliche Gasgemisch entzündet. Zur vollständigen Verhinderung einer Explosionsgefahr muß daher die Bildung eines explosiven Gemisches von Flüssigkeitsdämpfen und Luft in den von der Flüssigkeit nicht ausgefüllten Räumen in den Lagerbehältern und Rohrleitungen überhaupt verhütet werden.

Nach dem Verfahren von Martini-Hüneke geschieht dies in der Weise, daß jene Räume mit einem nicht oxydierenden Gas (Kohlensäure, Stickstoff usw.) als Schutzgas gefüllt werden, wobei der Druck dieses Gases gleichzeitig auch zur Förderung der Flüssigkeit benützt wird und die Gefahr eines Rohrbruches durch Verlegung sämtlicher Rohrleitungen in ebenfalls mit dem

---

[1]) Siehe Strache, Das Benzin, seine Gewinnung, Beschaffenheit und Lagerung.

Gas gefüllte Schutzleitungen bekämpft wird (Fig. 2). Beim Auftreten einer Undichtigkeit an dem inneren benzinführenden Rohr fließt das Benzin in dem äußeren Rohre zum Behälter zurück. Bei diesem Verfahren ist jedoch der Kohlensäureverbrauch ein ziemlich großer, indem nämlich dabei die Löslichkeit der Kohlensäure im Benzin von Bedeutung ist. Dieses nimmt bei 1 Atm. Druck und 17° C das 1,4fache Volumen an Kohlensäure

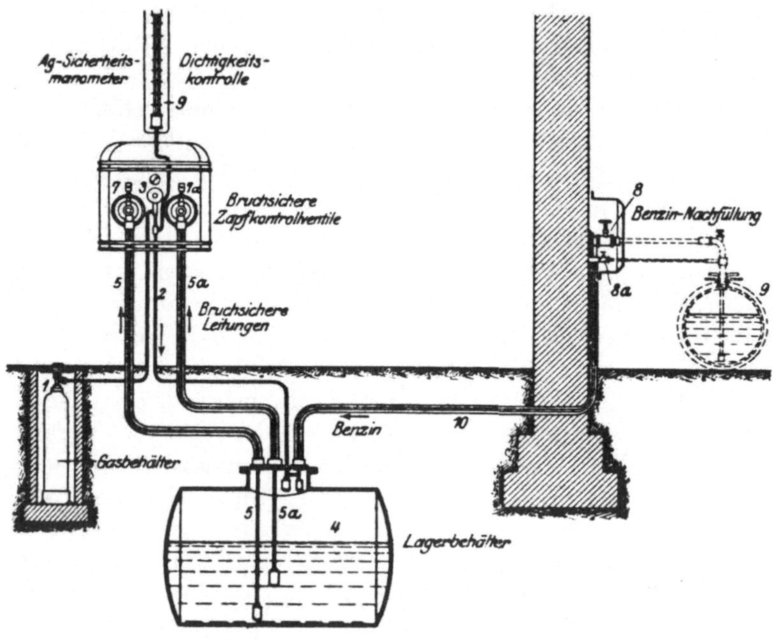

Fig. 2.

auf. Verwendet man also z. B. zur Förderung des Benzins aus dem Lagerbehälter bis zur Zapfstelle einen Überdruck von 1 Atm., d. i. also einen absoluten Druck von 2 Atm., so löst sich das 2,8fache Volumen in dem Benzin auf. Dazu kommt noch, daß man bei 2 Atm. absolutem Druck nach Entleerung des Behälters den ganzen Raum mit der doppelten Menge an Kohlensäure gefüllt hat, so daß zusammen zur Förderung von 1 cbm 2,8 + 2,0 = 4,8 cbm Kohlensäure erforderlich sind. Tritt ferner ein vollständiger Bruch beider Rohre ein, so findet ein Austritt von

Benzin statt, so lange, bis der Kohlensäuredruck aus dem Behälter allmählich ausgetreten ist.

Klaudy stellte daher die nachstehenden Grundsätze für die Lagerung von Benzin auf:

1. Die Entstehung explosiver Dampfluftmischungen muß in allen Teilen der Anlage durch ein geeignetes Schutzmedium vermieden werden.
2. Die Förderungsmöglichkeit muß derart von dem Vorhandensein dieses Schutzmediums abhängig sein, daß eine betriebsmäßige Förderung ausgeschlossen ist, wenn das Schutzmedium entweicht.
3. Bei Brüchen oder Leckwerden des Leitungsnetzes für feuergefährliche Flüssigkeiten muß der Austritt der feuergefährlichen Flüssigkeit durch konstruktive Maßnahmen verhindert werden.

Der Verband deutscher Berufsfeuerwehren stellt an diese Anlagen nachstehende Bedingungen, denen sich auch das Wiener Stadtbauamt und die Wiener Feuerwehr angeschlossen haben:

1. Die Lagerung muß in der Form erfolgen, daß der eigentliche Lagerbehälter auch bei lebhafter Wärmeentwicklung in seiner Nähe einer erheblichen Wärmewirkung nicht ausgesetzt wird (z. B. 1 m unter der Erde).
2. Im Lagerbehälter dürfen die entstehenden Hohlräume sich nicht mit einem explosionsfähigen Gemisch von Luft und verdampfter Flüssigkeit anfüllen können (Schutzgasverfahren), oder es muß das Auftreten von Hohlräumen im Lagerbehälter überhaupt vermieden werden (Sperrflüssigkeitsverfahren).
3. Aus der Lageranlage, zu der auch die angeschlossenen Rohrleitungen und Armaturen zu rechnen sind, darf feuergefährliche Flüssigkeit nicht austreten können, wenn sich die Anlage in der Ruhelage befindet, d. h. wenn nicht gezapft oder gefüllt wird.

Der letztgenannte Übelstand des Verfahrens Martini-Hüneke nun wird vermieden bei dem Unterdrucksystem Dabeg der Dampfapparatebaugesellschaft m. b. H. in Wien. Bei diesem Verfahren wird das Schutzgas mit einem geringeren Druck als dem der Atmosphäre verwendet, wodurch die Verluste an Schutzgas durch kleine Undichtigkeiten in den Rohrleitungen und Armaturen vermieden werden, ebenso auch eine Absorption des Schutzgases, namentlich der Kohlensäure, durch die feuergefährliche Flüssigkeit selbst. Die Förderung der gelagerten Flüssigkeit aus dem Tank erfolgt durch eine von Hand oder motorisch angetriebene Pumpe.

Die Anlage (Fig. 3) besteht aus einem unterirdisch gelagerten Behälter und aus der oberirdisch angeordneten Zapfarmatur mit den Kontrollapparaten. Das in einer Stahlflasche befindliche Schutzgas wird durch Leitung 3 über einen Druckregler 16 eingeführt, der seine Spannung auf 1—2 kg Überdruck reduziert, und das Schnellschlußventil 5 regelt den Zapfprozeß. Die Saugleitung 1 steht über einen Syphonverschluß mit der Pumpe 13 und durch Leitung 6 auch mit dem auf dem Tank aufgesetzten Hilfsraum 9 in Verbindung. Leitung 6 stellt daher eine künstliche Undichtheit in der Saugleitung 1 der Förderpumpe dar.

Tritt nun Schutzgas durch die Gasleitung 3 in den Ejektor 4, so wird durch diesen Apparat Flüssigkeit aus dem Tank entnommen und in den Hilfsraum 9 gebracht. Gleichzeitig wird die Pumpe 13 in Bewegung gesetzt, die vorerst durch Leitung 6, da die hier zu überwindende Arbeit geringer ist, bis zu einer bestimmten, automatisch sich einstellenden Höhe Flüssigkeit ansaugt. Nunmehr ist die Saugleitung 1 der Pumpe 13 abgeschlossen und diese kann Flüssigkeit aus dem Tank entnehmen, die bei der Zapfstelle 12 austritt. Der Ejektor 4 fördert ununterbrochen solange Flüssigkeit in den Hilfsraum 9, als Schutzgas unter Druck zuströmt. Nach Ausfüllung des Hilfsraumes gelangt die Flüssigkeit durch die Löcher in den Syphonverschluß, der den Hilfsraum 9 vom Gasraum des Tanks trennt, und hält diesen beständig gefüllt. Die Funktion des Flüssigkeitsverschlusses läßt sich durch das Schaugefäß 6a erkennen.

Im Gasraum des Tanks entsteht schon vor Beginn des Zapfprozesses ein kleiner Unterdruck, der sich durch die nachherige Entnahme von Flüssigkeit noch steigert. Die Kohlensäure, die sich im Gasraum des Hilfsraumes 9 ansammelt, strömt nach Überwindung des Flüssigkeitsverschlusses 21 in den Gasraum des Tanks nach. Durch den entstehenden Unterdruck, der der Höhe des Syphonverschlusses entspricht, wird, der Verdampfbarkeit der Flüssigkeit entsprechend, dem Schutzgas auch Flüssigkeitsdampf f beigemischt, wodurch eine wesentliche Ersparnis

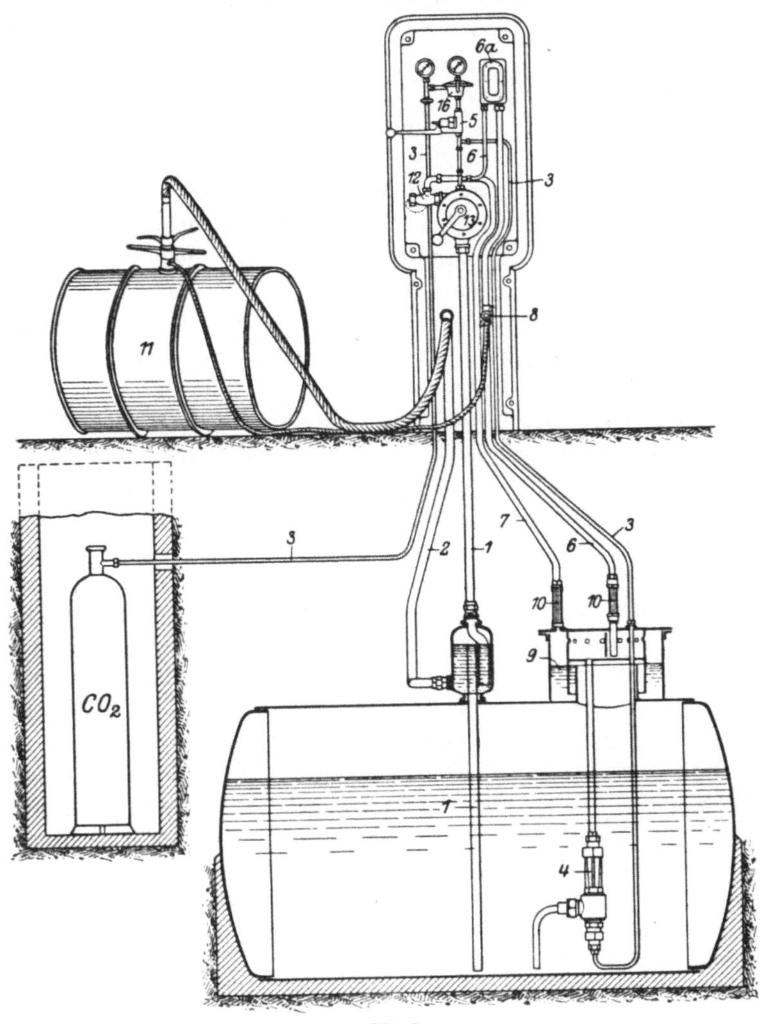

Fig. 3.

an Schutzgas eintritt, und die Absorption von Kohlensäure durch die feuergefährliche Flüssigkeit verhindert. Ein evtl. Überschuß an Kohlensäure wird durch Leitung 7 in die Druckleitung der Pumpe nach der Zapfstelle 12 entweichen.

Zur Sicherung des Tanks gegen das Durchschlagen von Flamme

sind in die Leitungen 6 und 7 Röhrenbündelkühler eingesetzt, durch die Explosionen im Lagerbehälter auch dann unmöglich wären, wenn sich im Gasraum des Tanks explosive Gasgemenge hätten bilden können.

Wird der Hebel des Schnellschlußventils 5 geschlossen, so hört die Tätigkeit des Ejektors 4 auf, und die Leitung 6 entleert sich, wodurch die Saugleitung der Förderpumpe 1 wieder durch die unten nun wieder offene Leitung 6 undicht geworden ist, wodurch nunmehr eine weitere Entnahme von feuergefährlicher Flüssigkeit ausgeschlossen ist. Außerdem entleeren sich nun automatisch sämtliche Rohrleitungen, die über der Erde liegen, so daß im Ruhezustande der Anlage sich keine feuergefährliche Flüssigkeit über der Erde befindet.

Das Füllen einer derartigen Anlage geschieht in der Weise, daß das Transportfaß 11 an die Fülleitung 2 angeschlossen wird. Die Pumpe 13 übt nach einigen Umdrehungen eine Saugwirkung auf das Transportfaß 11, so daß die Flüssigkeit durch Heberwirkung in den Lagertank abläuft. Das Schutzgas, das im Tank über dem Hilfsraum 9 und den Syphonverschluß 21 daselbst abströmt, geht durch die Gaspendelleitung in den Hohlraum des Transportfasses 11 und füllt dieses in dem Maße, als die Gasverdrängung im Lagertank durch die aus dem Transportgefäß ausfließende Flüssigkeit erfolgt. Der Inhalt des Lagertanks wird durch ein Präzisionsinstrument fortlaufend genau angezeigt.

Im Ruhezustand der Anlage herrscht im Tank stets ein Unterdruck von 2—3 cm Wassersäule. Dieser Unterdruck hängt von dem Widerstand ab, den das aus dem Hilfsraum in den Tank überströmende Schutzgas durch den Syphonabschluß, der den Hilfsraum 9 vom Hauptlagertank trennt, erfährt. In dem Raum 9 befindet sich stets Kohlensäure, so daß bei evtl. Druckausgleich solche in den Tank nachströmt.

Als Schutzgas soll in der Regel nur Kohlensäure verwendet werden, die, wie erwähnt, infolge des in der Anlage herrschenden Unterdruckes nur in sehr geringem Maße von der Flüssigkeit absorbiert werden kann. Denn es ereignete sich z. B. im Jahre 1912 in Frankfurt a. M. eine Benzinexplosion, dadurch verursacht, daß irrtümlicherweise an Stelle einer mit Stickstoff gefüllten Druckflasche eine solche mit Sauerstoff zur Anwendung kam. Um daher eine Verwechslung einer Kohlensäureflasche mit einer mit Sauerstoff oder Stickstoff gefüllten zu vermeiden, ist in die Hochdruckleitung für das Gas zwischen der Flasche und dem Druckregler eine Sirene eingeschaltet, die sofort ertönt, wenn der für Kohlensäure übliche Höchstdruck von etwa 40 Atm. überschritten wird, wie das bei Sauerstoff und Stickstoff, die unter höherem Druck in den Handel kommen, eintreten müßte.

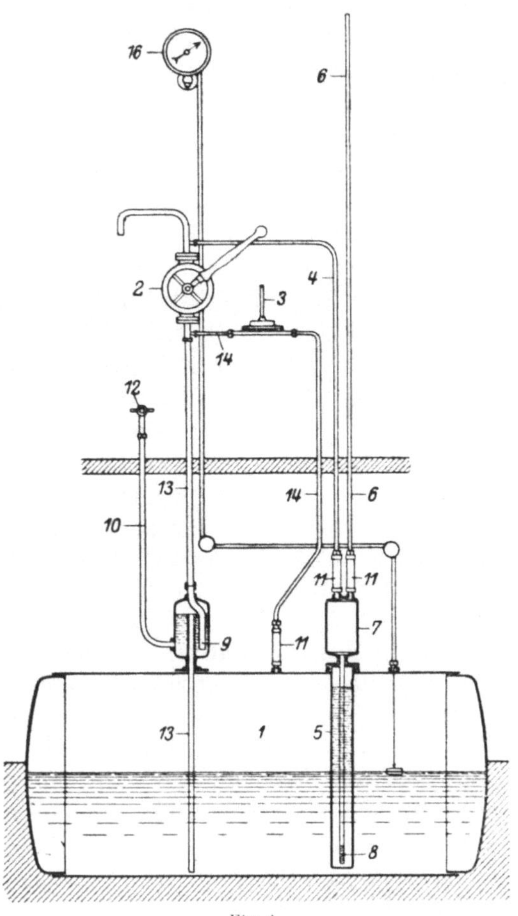

Fig. 4.

Ein anderes System der Dampfapparatebaugesellschaft vermeidet die Explosionsfähigkeit des Dampfluftgemisches durch die Sättigung der Luft mit Benzindämpfen (Fig. 4). Wenn hier Benzin aus dem Tank gepumpt wird, so tritt zunächst eine Luftverdünnung in dem Luftraume oder dem Benzin ein, und dadurch wird ein Ventil betätigt, das wieder den dichten Abschluß der Pumpensaugleitung bewirkt, so daß nur beim Auftreten dieses Unterdruckes, also nur, wenn alle Leitungen dicht sind, die Pumpe Benzin fördert. Ein Teil des geförderten Benzins fließt in den Sättiger, durch den die nachströmende Luft zu streichen gezwungen ist, so daß sie sich mit Benzindämpfen sättigt und — wenn die Flammpunktgrenzen eingehalten sind — nicht explosiv wird.

Der Unterdruck, ohne den die Anlage nicht funktionsfähig ist, gibt hier eine Erniedrigung des Flammpunktes und daher eine Erhöhung der Sicherheit. Trotzdem wird dieses System mit Rücksicht auf die unsicheren Verhältnisse betreffs der Flammpunkte der verschiedenen Benzinsorten nur für kleine Anlagen bis zu etwa 1000 kg Benzin angewendet.

Bei dem System Lange-Ruppel wird von der Verwendung irgendeines Schutzgases überhaupt abgesehen, wodurch auch die Kosten für ein solches gespart werden. Die Anlage (Fig. 5) besteht im wesentlichen aus dem Aufnahmegefäß für die feuergefährliche Flüssigkeit 1, dem mit diesem kommunizierend verbundenen Sicherheitsgefäß 11 und dem Sperrflüssigkeitgefäß III, ferner aus den Steigrohrleitungen, dem Überlauf, der Sperrflüssigkeitspumpe, dem Umschaltventil und einer Inhaltsanzeigevorrichtung. Benzin und Sperrflüssigkeit sind in der Zeichnung in verschiedenen Schraffuren dargestellt. Alle Behälter sind unter einer starken Schutzschicht aus Beton in Sand gebettet, und ihre Oberkante liegt mindestens 1 m unter der Oberkante der Betonschicht.

Das Füllen der Lagerung mit Benzin geschieht in folgender Weise: Nachdem das Transportfaß mit der Leitung 1 mittels Stechhebers 2 in Verbindung gebracht ist, wird aus dem Behälter III Sperrflüssigkeit (Glyzerin) mit der Pumpe 3 durch die Leitungen 4, 5 und 7 in den stets gefüllten Behälter II gedrückt. Hierbei ist das Umschaltventil 6, das zwischen den Leitungen 5 bis 7 und 10—8 eingebaut ist, so gestellt, daß ein Durchfluß nicht stattfinden kann. Durch den auf die Flüssigkeit in II ausgeübten Druck steigt sowohl die Sperrflüssigkeit in dem stets mit der Atmosphäre in Verbindung stehenden, oben offenen Rohr 9 als auch die im Behälter 1 im Rohr 1 in die Höhe. Sobald die Flüssigkeitssäule von 1 durch 2 mit dem Inhalt des Transportgefäßes in Verbindung gekommen ist, wird das Pumpen unterbrochen und das Umschaltventil 6 geöffnet, so daß eine Verbindung von 5 bis 7 nach 8 geschaffen ist. Infolge der Heberwirkung und des Niveauunterschiedes zwischen dem Transportfaß und der Einlauföffnung 8 ergießt sich der Inhalt des Transportfasses in den Lagerbehälter I unter Verdrängung der Sperrflüssigkeit durch den stets gefüllten Behälter II. Die verdrängte Sperrflüssigkeit fließt durch die Rohrleitung 7 durch Ventil 6 und die Rohrleitung 8 in den Aufnahmebehälter für die Sperrflüssigkeit III. Ist das Transportfaß leer, so tritt Ruhezustand innerhalb der Lagerung ein, und zwar stellen sich die Flüssigkeitsspiegel in den

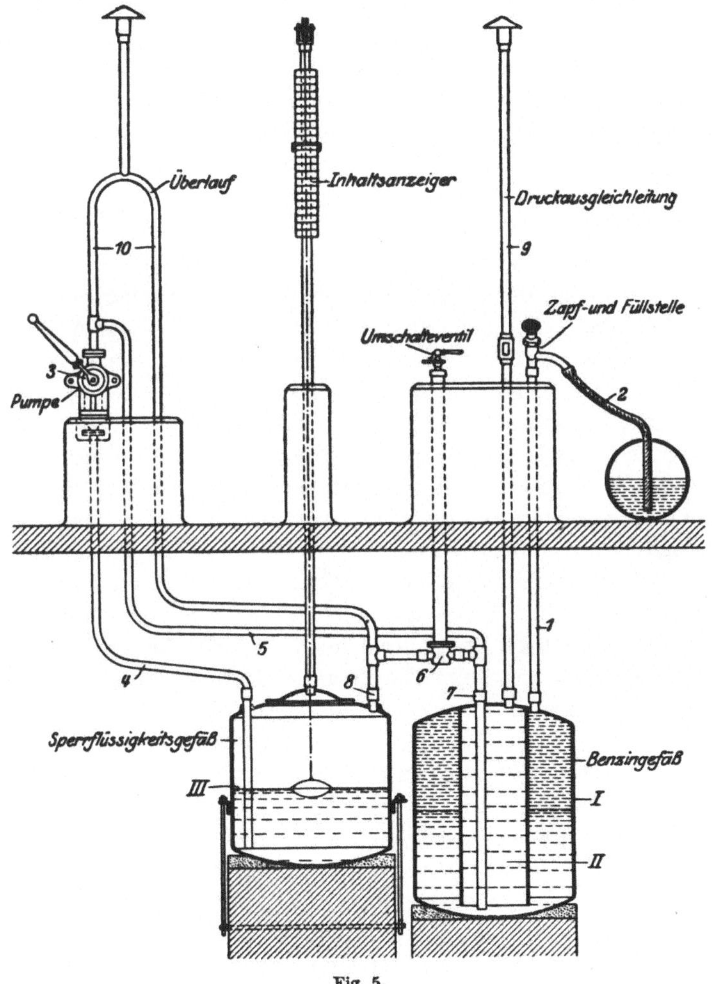

Fig. 5.

Rohrleitungen 1 und 9 unter Berücksichtigung der spez. Gewichte der Flüssigkeiten ein. Ein Eindringen von Luft in den Behälter I und die Bildung eines explosiblen Gemisches ist ausgeschlossen.

Das Abfüllen des Benzins geschieht genau so wie beim Füllen dadurch, daß Sperrflüssigkeit aus dem Behälter III durch Pumpen in den Behälter II und in das Aufnahmegefäß für das Benzin 1 gedrückt wird. Die Flüssigkeiten steigen wieder in den Röhren 1 und 9, so daß das Benzin aus Rohr 1 ausfließt. Nach der Unterbrechung des Pumpens gehen die Flüssigkeiten in die Ruhelage zurück.

Hier ist nachzutragen, daß das Ventil 6 nicht absolut dicht gearbeitet ist; es läßt in der Abschlußstellung noch etwa 5—10% der von der Pumpe geförderten Flüssigkeitsmenge von 5 bis 7 nach 8 durchtreten. Infolgedessen gehen die Flüssigkeitsspiegel in jeder Stellung des Ventils 6 nach dem Aufhören des Pumpens in die Ruhelage zurück.

Die Grenzen der Flüssigkeitsbewegung werden geregelt durch den Behälter III, dessen Flüssigkeitsmenge in direkter Abhängigkeit von der Ab- und Zunahme des Flüssigkeitsquantums des Benzins in Gefäß I steht. Ist z. B. aus diesem alles Benzin herausgedrückt, so ist auch der Behälter III leer, d. h. es kann keine Sperrflüssigkeit weiter durch die Pumpe angesaugt werden. Der Behälter I ist so zu bemessen, daß sich in diesem Zustande noch eine geringe Menge Benzin in ihm befindet, so daß niemals Sperrflüssigkeit entnommen werden kann. Ist die größte Menge Benzin in Behälter I erreicht, so ist Behälter III vollständig mit Sperrflüssigkeit gefüllt. Die letztere steigt auch in den an dem Behälter angebrachten Steigrohren hoch, bis alle Flüssigkeitsspiegel in Ruhe stehen und beim Einfüllen die Heberwirkung selbsttätig aufhört. In diesem Zustand beträgt die Entfernung der untersten Benzinschicht im Behälter I von der unteren Kante des Behälters II noch mindestens 100 mm, so daß also niemals Benzin in den Behälter II gelangen kann.

Bei der „Volumentype" der Dampfapparatebaugesellschaft wird das Benzin in einer auf Glyzerin schwimmenden Glocke nach Art der Gasbehälterglocken aufgespeichert, und die Glocke sinkt nach Maßgabe der Benzinentnahme in das Glyzerin ein, ohne einen mit Benzindämpfen gefüllten Hohlraum zu bilden. Es ist daher hier die Verwendung von Spülgas oder Verdrängungsflüssigkeit überflüssig.

Schließlich sei hier auch noch das Löschverfahren von Stanzig und König („Stankö"-Löschverfahren) angeführt.

Mit Wasser kann man Benzin, Petroleum usw. nicht löschen, weil diese auf dem Wasser schwimmen. Es wird daher auf die Oberfläche des Benzins ein aus Oxalsäure, doppeltkohlensaurem Natron und Saponin gebildeter, aus Kohlensäurebläschen bestehender Schaum gebracht, der viel leichter als Benzin ist und daher auf dessen Oberfläche schwimmt, so daß das brennende Benzin zufolge Abschnittes der Luftzufuhr in wenigen Sekunden gelöscht werden kann. Die schaumbildenden Substanzen werden in Patronen in fester Form in einen transportablen Apparat (Fig. 6) gebracht, der in eine beliebige Schlauchlinie eingeschaltet werden kann. Durch eine besondere Führung des Wasserstrahles werden die festen Stoffe vollständig aus den Patronen ausgewaschen und dadurch eine beträchtliche Schaummenge geliefert.

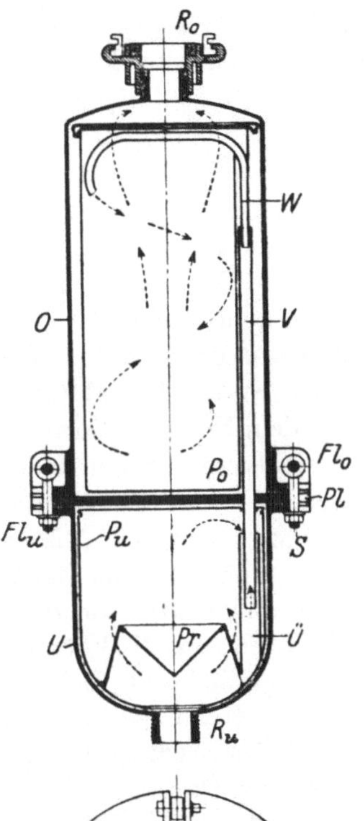

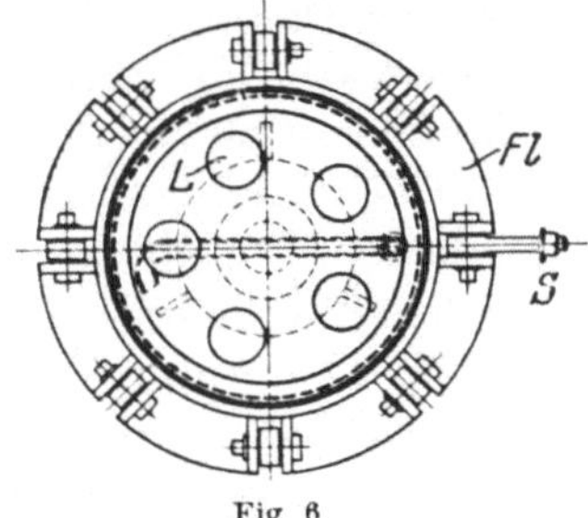

Fig. 6.

Das enorme S t e i g e n d e r B e n z i n p r e i s e hatte seinen wahren Grund in dem Rückgang der Ausbeute an den Erdölen der Vereinigten Staaten, die für die Benzinherstellung geeignet waren. Denn es zeigte sich, daß mit fortschreitender Förderung die Bohrlöcher immer schwereres Erdöl lieferten und auf diese Weise die Benzinausbeute in demselben Maße sank. Da die Erschließung neuer Quellen mit dieser Abnahme nicht Schritt hielt, so war ein immerwährendes Steigen des Benzinpreises unvermeidlich.

Dies gab schon mehrfach vor dem Kriege zur Ausschreibung beträchtlicher Preise für B e n z i n e r s a t z m i t t e l Veranlassung.

So berichtet die Chem. Zeitung 1913 über das Ausschreiben eines Preises von 500 000 Fr. für einen neuen Betriebsstoff für Explosionsmotoren an Stelle von Benzin seitens des Verbandes der internationalen anerkannten Automobilklubs in Paris. Weiteres wurde in den Tagesblättern — ebenfalls schon vor dem Kriege — über ein anderes Preisausschreiben für einen Benzinersatz in England berichtet. Die Society of Motor Manufaktures and Traders in London setzte einen Preis von 2000 Guineen aus für einen im Inland erzeugten Betriebsstoff zum Betriebe von Motorfahrzeugen. Bedingung war u. a., daß der Betriebsstoff ganz aus Materialien bestehe, die im Inland erhältlich sind, daß er zu einem konkurrenzfähigen Preise auf den Markt gebracht werden könne, und daß er, um eine regelmäßige und unbegrenzte Zufuhr zu garantieren, in ausreichenden Mengen erhältlich sei.

Als Ersatz für Motorenbenzin wurde neuerdings auch ein unter dem Namen Ekonomin auf den Markt gebrachtes Produkt vorgeschlagen. Seine Herstellung geschieht nach Cassal in folgender Weise: Ein abgemessenes Volumen gewöhnlichen Petroleums wird in einem Mischapparat mit konzentrierter Schwefelsäure vermischt, und dazu kommen abgemessene Mengen von Benzin und Benzol, die Harz und Pikrinsäure enthalten, und zwar 4 Volumen auf 21 Volumen Petroleum. Das ganze wird dann gut gemischt und mehrere Stunden stehengelassen. Alsdann wird die Mischung in einen Destillationsapparat gebracht und bis auf eine Temperatur von 225—240° C abdestilliert. Das so gewonnene Destillat bildet das Ekonomin-Motorbenzin und beträgt etwa 60% der ganzen angewendeten Mischung. Führt man die Destillation weiter, so erhält man noch ein weiteres Destillat, etwa 10—15% des gesamten Volumens der verwendeten Mischung, das, wenn auch nicht für den Motorbetrieb, so doch zweifelsohne für andere Zwecke brauchbar ist. Nach in England und Deutschland vorgenommenen Vergleichsversuchen wäre das Ekonomin praktisch gleich mit Benzin, während es zugleich viel billiger ist.

Unter den Bestrebungen, billige flüssige Brennstoffe zu gewinnen, die für den Betrieb von Motorfahrzeugen geeignet sind, ist als erfolgreicher Versuch auch die Verflüssigung von Erdgas zu nennen. Das Verfahren ist einem Deutschamerikaner Schenk patentiert.

Man versuchte ferner, die Benzinausbeute durch besondere Verfahren in der Behandlung der Rohöle zu steigern. Sie beruhen, wie z. B. der Cracking-Prozeß mit seinen verschiedenen Abwandlungen, meistens darauf, die schwer siedenden Öle zu verdampfen und unter hohem Druck wieder zu kondensieren. Auf diese Weise ist es möglich, aus geringwertigen Erdöldestillaten ein Motorbenzin herzustellen. Namentlich die Standart Oil besitzt eine Reihe dieser Patente und stellt allein mit deren Hilfe jährlich mehrere Millionen Gallonen Benzin auf diesem Wege dar.

Vor dem Petroleum sollen daher diese letztgenannten Verfahren im nachstehenden kurz besprochen werden.

2. Die Darstellung von Gasolin aus Erdgas.

Die in den Erdölbrunnen herrschenden Drücke werden, wie heute allgemein angenommen, durch die Anhäufung gasiger Kohlenwasserstoffe, hauptsächlich Methan, bedingt, die in stark komprimierter Form im Öl gelöst oder in den oberhalb der Ölschichten befindlichen Lagern angehäuft sind.

Dieses Naturgas[1]) wurde nun früher vielfach direkt vergeudet. In der Regel entweicht das Gas in die Luft durch den Zwischenraum zwischen dem Bohrrohr und dem zur Ölförderung in dieses eingelassene Ölrohr; das ist das sog. Bohrrohrkopfgas. Wird ein Brunnen zum erstenmal angebohrt, so entweichen oft bedeutende Gasmengen unverwendet, 10—15 Mill. Kubikfuß oder mehr. Oft verwendet man einen Gasseparator, bei dem das Öl unten, das Gas oben abgenommen wird. Brunnen, die nicht mehr selbst fließen, sondern gepumpt werden müssen, können noch immer viel Gas abgeben. Meist verwendet man einen Teil davon zum Pumpen, den Rest gibt man verloren. Hier und da benützt man das Gas auch in der nächsten Umgebung für Beleuchtungs- und Beheizungszwecke.

Um dieser Vergeudung von Naturgas bei der Ölgewinnung Einhalt zu gebieten, wählte die Naturgasassoziation von Amerika ein besonderes Komitee, dessen Vorsitzender Macbett einen Bericht erstattete, der folgendes besagt: Wo im selben Ölfelde Öl und Gas zusammen angetroffen werden, läßt man im allge-

[1]) Siehe Petroleum 1914, S. 453, 1916, S. 759.

meinen das Gas entweichen. In Ölfeldern mit geringem Gebirgsdruck und kleiner Produktion an Öl und Gas gelingt es manchmal, aus dem gleichen Ölsand Öl und Gas zu verwerten. Bei großen Anlagen hat sich bis nun kein praktischer Weg gefunden, das Öl ohne Gasverlust zu gewinnen. Hierin liegt eine weit größere Gasverlustquelle als in allen sonstigen Ursachen zusammengenommen. Gas kann vor allem nicht wie Öl gelagert werden. Das Komitee sah daher keinen gangbaren Weg, in solchen Fällen das Gas zu gewinnen, ohne dabei die Ölproduktion ernstlich zu schädigen. Von welcher Bedeutung dies aber ist, geht daraus hervor, daß z. B. für 1912 der Gewinnentgang durch Gasverlust auf sicher mindestens 4 Mill. Dollar taxiert wurde.

Es war nun schon seit längerer Zeit bekannt, daß gewisse Naturgase bei ihrer Fortbewegung in Rohrleitungen, namentlich unter Druck und besonders im Winter, Kondensate ausscheiden, und man fand weiter, daß durch starkes Komprimieren und Abkühlen die dem Methan beigemengten Homologen verflüssigt werden, wodurch man aus dem Gas preiswürdig Petroläther gewinnen kann. Auf Grund dessen hat sich speziell in den Vereinigten Staaten seit einigen Jahren eine ganz neue Industrie, die Fabrikation der Naturgaskondensate, entwickelt.

Die — teilweise oder gänzliche — Verflüssigung derartiger Gase kann erfolgen:

1. Durch Kompression bei normaler Temperatur.
2. Durch Kompression unter Abkühlung mit Hilfe natürlicher oder künstlicher Kühlmedien.
3. Durch Kühlung allein evtl. unter Verwendung sehr mäßigen Druckes.
4. Durch Expansion der komprimierten Gase.
5. Teilweise durch Absorption in geeigneten Lösungsmitteln.

Der heute weitaus gebräuchlichste Arbeitsvorgang ist der nach 2., insbesondere kombiniert mit dem nach 4., also Kompression unter mehr oder minder intensiver Abkühlung, letztere zum Teil bewirkt durch die Expansion der komprimierten Gase.

Zur Herstellung von Gasolin eignet sich natürlich nicht jedes Erdgas in gleicher Weise. Man unterscheidet nämlich sog. trockenes und nasses Naturgas; nur letzteres, das in unmittelbarer Berührung mit Öl ist, enthält kondensierbare Anteile in genügender Menge und bildet das Ausgangsmaterial für die Gewinnung der Kondensate. Die flüssigen Kohlenwasserstoffe, die dabei hauptsächlich in Frage kommen, sind die Pentane, Hexane und Heptane; ohne Zweifel erhält man aber auch höhere Homologe in geringen Mengen. Das spez. Gewicht des Naturgases schwankt von 0,56 (Luft = 1) bis 1,65, entsprechend einem Gas von 99% Methangehalt bis zu einem nassen Gas, in dem bis 4—5 Gallonen Benzin pro 100 Kubikfuß enthalten sind.

Zufolge dieser außerordentlich verschiedenen Zusammensetzung der Naturgase muß von Fall zu Fall beurteilt werden, ob die Anlage einer Gasolininstallation lohnt. Man macht daher vor Errichtung einer Gasolinfabrik praktische Versuche mit Hilfe einer kleinen, auf Wagen montierten, aus Gasmotor, Kühlvorrichtung und Kompressor bestehenden Fabrikationseinrichtung und baut die eigentliche Fabrik in unmittelbarer Nähe des Bohrloches erst, wenn die Versuche günstig ausgefallen sind. Dabei kommt es natürlich neben dem Ausgangsmaterial auch auf das gewünschte Produkt an, ob dieses schweres oder leichtes Gasolin oder flüssiges Gas sein soll. Nach Abscheidung der Kondensate bleibt das entbenzinierte Naturgas zurück, das noch immer einen hohen Heizwert hat und für Heizzwecke oder Kraftbetrieb verwendet wird.

Für den Großbetrieb stehen heute drei Verfahren in Verwendung:

1. Das am meisten verwendete der Gaskompression auf bestimmten Druck und nachfolgende Kühlung durch Wasser oder Luft.
2. Kühlung des Gases ohne Kompression durch Kältemittel (z. B. flüssiges Ammoniak) und Verdampfenlassen unter vermindertem Druck.
3. Kombination der beiden obenerwähnten Verfahren.

Einstufige Kompressoren verwendet man nur für Drucke bis höchstens 110 Pfund, selten bis 150 Pfund. Ihr volumetrischer Wirkungsgrad beträgt bis 100 Pfund 65%, bis 50 Pfund 80—85%, für 150 Pfund nur 50%.

Bei Beginn preßt man das Gas nur auf durchschnittlich 35 Pfund. Im Niederdruckzylinder kann die Gastemperatur auf 232° C ansteigen. In der nächsten Periode passiert das Gemisch ein zweizölliges wassergekühltes Eisenrohr, etwa 100 Fuß lang pro je Kubikfuß minutlich durch das Rohr streichender Gasmenge; der Druck hierbei ist jener des Niederdruckkompressors. Aus dem ersten Zylinder gelangt das Gemisch in den Hochdruckzylinder, wo es je nach Bedarf auf 250—350 Pfund komprimiert wird; die Temperatur steigt auf etwa 250°. Das Gemisch tritt nun in ein zweizölliges Rohr, das von Wasser von gewöhnlicher Temperatur berieselt wird, oder die Schlangen liegen im Wasser. Die erreichte Durchschnittstemperatur beträgt im Winter 4° C, im Sommer 32°. Eine weitere Temperaturerniedrigung erfolgt, indem man das Gas durch ein Ventil sich in ein Rohr expandieren läßt, das den letzten Abschnitt des Rohrsystems umgibt, den das komprimierte Gas auf seinem Wege zum Sammelbehälter passieren muß. Das erhaltene Gemisch besteht in der Regel aus Butan, Pentan und Hexan, gegebenenfalls auch Propan und Heptan. Im flüssigen Produkt findet sich auch Methan und Äthan gelöst.

Beim Komprimieren hat man es mit dreierlei Vorgängen zu tun: Kondensation der Dämpfe, Verflüssigung von Gas, Lösung der Gase und Dämpfe in der erzeugten Flüssigkeit.

Das Naturgasolin ist also verflüssigtes Erdölgas und ein Kondensat aus dem den Bohrenden von Erdölbrunnen entströmenden Gas. Beträgt seine Dampftension weniger als 10 Pfund pro Quadratzoll bei 37,7 bis 32° C, so ist es „Gasolin", liegt sie zwischen 10—15 Pfund, so ist es „verflüssigtes Gas", und ist sie höher als 15 Pfund, so ist es „komprimiertes, verflüssigtes Gas".

Das verflüssigte Gas, auch Gasol genannt, ist wasserhell und bleibt bei normaler Temperatur vollkommen gasförmig. 1 Vol. flüssiges Gasol gibt 350 Vol. Gas von 21 360 Kal. pro 1 l (13 300 Kal./kg). Sein Heizwert ist 2400 B. T. U. pro Kubikfuß, während gewöhnliches Kohlengas nur 600, Ölgas unter 650 hat, seine Flammentemperatur 2300°, dagegen die des in Luft brennenden natürlichen Luftgases 2150, des Äthans 2205°, es gibt daher im Glühlichtbrenner wesentlich mehr Licht. Dabei kann es in jedem Brenner gebrannt werden und stellt sich pro Kubikmeter auf etwa 14 Pf. In Bunsenbrennern gibt es eine kurze, aber sehr heiße Flamme, im kurzen Invertglühlichtbrenner ein besseres Licht als im aufrechtstehenden langen Glühlichtbrenner. Eine sehr heiße Flamme erhält man mit Sauerstoff. Es ist auch zu verwenden für alle Zwecke des Lötens, Schweißens, Metallschneidens, zur Schamotte- und Karborundumschmelze, zur Beleuchtung isolierter Häuser, denen der Anschluß an ein Gas- oder Elektrizitätswerk fehlt. Bei einem Preis von 10 Cent pro Gallone erhält man 2200 Kerzenstärkestunden. Das schwere Gasolin findet die gleiche Verwendung wie das Handelsgasolin, das ganz leichte ist ein vorzügliches Lösungs- und Extraktionsmittel, und das mittlere dient zum Verschneiden von Raffineriebenzin.

Die Gesamtproduktion der Vereinigten Staaten an Gasolin betrug in Gallonen:

	1911	1912	1913	Wert Dollars 1913
Westvirginien. .	3 660 165	5 318 136	7 692 493	807 406
Pennsylvanien .	1 467 043	2 041 109	3 680 096	405 186
Ohio.	1 678 985	1 718 719	2 072 687	212 404
Oklahoma . . .	388 058	1 575 644	6 462 968	577 944
Kalifornien. . .	231 588 (Kalifornien, Illinois, Colorado, New-York, Kansas, Kentuky)	1 040 695	3 460 747	376 227
Illinois.		386 876 (Illinois, Colorado, New-York, Kansas, Kentuky)	721 826	79 276
Colorado . . .				
New-York . . .				
Kansas, Kentuky				
	7 425 839	12 081 179	24 060 817	2 458 443

Das Jahr 1913 zeigte also gegen 1912 eine 100proz. Ausbeutesteigerung.

Nach Hill betrug der Gesamtverbrauch an Naturgas 1912 562 203 Mill. Kubikfuß, wovon 4687 Millionen für Naturgasgasolinerzeugung verwendet wurden. Ende 1913 stellte sich diese Zahl auf 9899 Mill. Kubikfuß. Nach einer anderen Angabe wurden im Jahre 1912 bereits in etwa 250 Fabriken 133 Mill. cbm amerikanisches Erdgas zu 28,8 Mill. kg Gasolin verarbeitet, wobei also 1 cbm etwa 0,216 kg Gasolin ergab. Auch in Payta in Peru besteht eine Anlage, die täglich 60 000 Kubikfuß Gas verarbeitet.

In den letzten Jahren stellte die in den Vereinigten Staaten durch Kompression von Erdgas gewonnene Gasolinmenge schon einen wachsenden Prozentsatz in der Gesamtbenzinmenge dar, wenn sie absolut auch hinter der aus dem Erdöl gewonnenen Benzinmenge noch weit zurücksteht. In den Jahren 1911—1915 wurden folgende Benzinmengen in Barrels gewonnen:

1911	177 000
1912	286 000
1913	573 000
1914	1 016 000
1915	1 500 000

Neuerdings wurden auch im ungarischen Erdgasgebiete Versuche zur Verarbeitung des dort gewonnenen Erdgases auf Gasolin unternommen mit dem Erfolge, daß eine Gasolinfabrik errichtet wurde, die jährlich etwa 5 Mill. cbm Erdgas verarbeiten soll. Da in Österreich der Gasolinpreis wesentlich höher steht als in Amerika, und da zudem das aus Erdgas erzeugte Gasolin, da es kein Erdölprodukt ist, steuerfrei bleibt, hofft man auf eine glänzende Rentabilität dieser Fabrik.

3. Die Erhöhung der Produktion an Benzin und ähnlichen Kohlenwasserstoff-Treibmitteln.

Um die Produktion an Benzin und ähnlichen Treibmitteln zu erhöhen, gibt es mehrere Wege. In erster Linie kommt hier eine in größerem Umfange durchzuführende Destillation gewisser Braunkohlen in Betracht, da die leicht siedenden Fraktionen des Braunkohlenteers eine benzinähnliche Zusammensetzung besitzen (siehe Seite 57).

Ein weiterer Weg zur Vermehrung der Benzinproduktion würde in der trockenen Destillation vieler bituminöser Schiefer liegen, deren Destillationsprodukte nach den Untersuchungen von Harries und seiner Mitarbeiter sich wie Braunkohlenteere verhalten (siehe Seite 60).

Ferner ist hier namentlich auch die bereits erwähnte Zersetzungsdestillation oder die sog. Crackdestillation zu nennen. Besonderes Interesse bietet hier eine Veröffentlichung Snellings[1]), der die Bedingungen studierte, unter denen sich eine einigermaßen befriedigende Überführung hochsiedender in niedrigsiedende Kohlenwasserstoffe bewerkstelligen läßt. Er bespricht zunächst die unter gewöhnlichem Luftdruck vorgenommenen Zersetzungsversuche, die ausnahmslos zu unbefriedigenden Ergebnissen führten, und zwar sowohl hinsicht-

[1]) Die Gewinnung von Benzin aus synthetischem Rohöl. Chem.-Ztg. **39**, 1915, S. 359.

lich der Qualität wie auch der Quantität des erhaltenen benzinähnlichen Produktes, der sog. „Standartnaphtha“. Viel günstigere Resultate lieferten die unter erhöhtem Druck ausgeführten Versuche, wie es denn Burton gelungen ist, mittels dieses Verfahrens, wenn auch keineswegs gleichwertige, so doch brauchbare Ersatzstoffe für Benzin herzustellen.

Außer diesen Untersuchungen liegen noch zahlreiche mit größerem oder geringerem Erfolge durchgeführte Versuche vor, um auf rein chemischem Wege aus schwereren Mineralölen Benzin oder benzinartige Kohlenwasserstoffe oder Gemische davon darzustellen, z. B. durch Wasserstoffanlagerung bei Gegenwart eines Katalysators, dann Umlagerungen mit Aluminiumchlorid usw. Doch ist hier nicht der Ort, um darauf näher einzugehen.

Eine eingehende Studie über die Zersetzungsdestillation wurde von Kißling[1]) veröffentlicht. Die Crackdestillation ist schon über 50 Jahre alt. Die Wärme hat dabei vorwiegend chemische Arbeit zu leisten; außer Spaltungsprozessen findet auch eine Wasserstoffwanderung statt. Zur Crackdestillation sind besonders die an gesättigten Kohlenwasserstoffen (Äthanen) reichen Rohöle geeignet, die an Naphthenen reichen nicht. Die Bildung niedrigsiedender Kohlenwasserstoffe als Destillat, höher siedender als Destillationsrest nimmt mit steigender Temperatur zu, bis schließlich einerseits Gas, andererseits Koks erhalten wird. Aber gemäß theoretischer Erwägungen muß die Destillation bei möglichst niedriger Temperatur und möglichst hohem Druck durchgeführt werden, um ein Maximum an benzinartigen Anteilen zu liefern. Von wesentlichem Einfluß ist ferner das im Zersetzungskessel herrschende Verhältnis zwischen Flüssigkeitsraum und Gasraum. Wenn dieses Verhältnis 25—30: 70—75% ist, so gelingt es, bei einem Druck von 50—60 kg pro Quadratzentimeter Heizöl, Gasöl, Paraffin, Erdölrückstände usw. durch oftmals wiederholte Zersetzungsdestillation nach und nach zu zerlegen in 50—70% brauchbares Benzin von der Dichte 0,70—0,71, 30—40% Naturgas und wenig Kohlenstoff. Gewisse Körper, z. B. kolloidaler Graphit, befördern die Zersetzung katalytisch und gestatten daher eine Herabsetzung der Destillationstemperatur.

[1]) Petroleum 1916, II, S. 753. Chem. Umschau 1916, H. 6, S. 81.

In neuerer Zeit soll es Rittmann gelungen sein[1]), ein Verfahren zur Erzeugung von Toluol und Benzol aus Erdöl auszuarbeiten und die bisher erzielte Ausbeute an Benzin um 200% zu steigern. Der Senat der Vereinigten Staaten hat ein Gesetz angenommen, laut dem das Verfahren Gemeingut des amerikanischen Volkes wird. Es wird zwar an einzelne Firmen überlassen, doch müssen sich diese verpflichten, etwaige Neuerungen nicht patentieren zu lassen. Durch das Rittmannsche Verfahren soll die Benzinausbeute von 14 auf 60% des Rohöls gesteigert werden können.

Diesbezüglich ist übrigens ein Urteil von Gräfe[2]) von Bedeutung, der sich äußert wie folgt: „Bei der Zersetzungsdestillation des Erdöls zur Gewinnung niedrig siedender Anteile erhält man ein wasserstoffreicheres Destillat und einen wasserstoffärmeren Rückstand. Diese Wasserstoffwanderungen restlos und ohne Abfall sich vollziehen zu lassen ist unmöglich, man muß vielmehr mit einem durch Bildung von Wasserstoff, Methan und seinen nächsten Homologen Äthylen usw. einerseits, von festen, sehr kohlenstoffreichen Kohlenwasserstoffen und freiem Kohlenstoff andererseits entstehenden Verluste rechnen. Mit der Zugabe von Wasserstoff und der Anwendung von Katalysatoren beim Spaltungsvorgang hat man bisher kaum Erfolge erzielt. Das neuerdings mit so großen Erwartungen begrüßte Rittmannsche Verfahren mag manche Vorzüge vor den zahllosen anderen Verfahren des gleichen Zieles besitzen, aber die an diese Verarbeitungsweisen des Erdöls geknüpften Hoffnungen schießen weit über das Ziel hinaus. Das Zersetzungsbenzin wird stets teuerer und minderwertig bleiben, während beim Benzol eher von einer Überproduktion als vom Gegenteil gesprochen werden kann, wenigstens unter wirtschaftlichen Verhältnissen, die nicht allzusehr von den normalen verschieden sind.“

Immerhin aber ist aus dem Angeführten zu ersehen, daß gegenwärtig schon mehrere Aussicht versprechende Wege gewissermaßen vorgezeichnet erscheinen, die wir zur Vermehrung unserer Kohlenwasserstofftreibmittel zu beschreiten haben.

---

1) Chem.-Ztg. 1915, S. 267. Chem. Umschau, Jg. 23, H. 9, S. 124.

2) Bitumen 1915, S. 132. Chem.-Ztg. 1916, 40, Nr. 151/152, S. 423.

4. Das Petroleum.

Das Petroleum, auch Steinöl, Leuchtöl, Kerosin genannt, ist die zweite bei der Destillation des rohen Erdöls erhaltene Fraktion und umfaßt die zwischen 150—300° übergehenden Anteile. Der Menge nach bildet es durchschnittlich den Hauptbestandteil des Erdöls, obgleich die Ausbeute daran bei den Erdölen verschiedener Herkunft sehr schwankt, wie dies folgende Tabelle von Kißling zeigt:

Erdölsorte	Benzin %	Leuchtöl %	Schmieröl %	Paraffin %	Bemerkungen
Pennsylvanisches . .	12	70	10	1,2	—
Kanadisches	5	42	—	—	—
Russisches (Baku) . .	5	30	50	—	—
Russisches (Grosny) .	5	20	60	—	—
Galizisches	5—25	25—40	?	0—10	—
Rumänisches	0—49	28—47	?	3,8—29,27	—
Deutsches (Elsaß) . .	4—5	30—32	30—32	2	—
Deutsch. (Wietze leicht)	3	20	15% Solaröl 40% Vaselinöl	1,5	15% Asph.
Deutsch. (Wietze schwer)	1	6	14% Solaröl 50% Vulkanöl	—	25% Asph.
Turkestan	7	46	35	2	—
Neuseeland	15	42	26	2	—
Texas	4	50	40	—	—

Einen wichtigen Anhaltspunkt über die Qualität des Petroleums gibt der Flammpunkt. Je sorgfältiger der Destillations- und Raffinationsprozeß durchgeführt wurde, desto höher liegt der Flammpunkt. Seine untere Grenze ist in Deutschland und in den meisten anderen Kulturstaaten gesetzlich festgelegt. In Deutschland darf kein Petroleum in den Handel gebracht werden, dessen Entflammungspunkt, im Abelschen Apparat bestimmt, unter 21° C liegt. Der Ursprung dieses Gesetzes stammt aus der Zeit, wo Benzin ein fast wertloses Abfallprodukt war und die Fabrikanten daher naturgemäß das Bestreben hatten, im Petroleum möglichst viel Benzin zu belassen. Heute liegen die Verhältnisse umgekehrt, trotzdem besteht das Gesetz noch zu Recht.

Das Petroleum hat ungefähr den gleichen Heizwert, also — auf das Gewicht bezogen — auch den gleichen Energieinhalt wie Benzin. Da sein spez. Gewicht aber größer ist, so sind in gleichen Volumen bei Petroleum größere Energiemengen angesammelt. Wenn trotzdem mit Petroleum betriebene Motoren sich bisher noch nicht recht einbürgern konnten, so ist dies u. a. auch dadurch begründet, daß man das Petroleum hierfür nicht nur zerstäuben, sondern geradezu in Dampf verwandeln muß und hierzu eine Wärmequelle braucht, was die augenblickliche Betriebsbereitschaft des Motors beeinträchtigt. Es findet daher das Petroleum heute für sich allein kaum eine allgemeinere und weitergehende Verwendung als Motorenbetriebsstoff für vorliegende Zwecke, wird jedoch in Gemischen mit Benzin (Benzinpetrol) und Benzol (Benzolpetrol) als Automobiltreibmittel verwendet.

Motorenpetroleum soll möglichst viel Herzfraktionen besitzen, d. h. es soll zwischen 150—275° eine möglichst große Menge überdestillieren. Wenn es viel über 275° siedende Bestandteile enthält, so können sich Rückstände bilden, die ein Verschmutzen der Maschine bewirken. Die Destillationsverhältnisse einer Reihe von marktmäßigen Petroleumsorten sind in nachstehender Tabelle nach Schmitz angegeben:

Bezeichnung	Siedeanalyse					Spez. Gewicht	Flammpunkt °C.
	150°	200°	250°	275°	300°		
Pennsylvanisches Petroleum d. Pure Oil Company „Standart white“	23	43	66	—	92	0,799	26
Pennsylvanisches Petroleum d. Pure Oil Company „Water white“	16	54	87	—	98	0,791	43
Pennsylvan. Petroleum d. Deutsch-Amerikan. Petroleumgesellschaft	13,2	31,7	49,1	61,6	77,5	0,792	25,5
Deutsches Petroleum d. Hannoverschen Erdölraffinerie Linden	5,2	58,4	90,7	94,7	97,1	0,8145	33
Russ. Petroleum d. Deutsch. Petroleum-Verkaufs-Gesellsch. „Meteor“	8,4	42,4	73,2	86,2	95,8	0,807	30
Desgl. „Nobel“	5,6	42,8	79	91	98	0,821	34
Petroleum d. Baltik Petroleum Import-Gesellschaft Hamburg	6,6	37,6	75,6	89,1	97	0,824	32
Galizisches Petroleum d. Deutsch-Österr. Petroleumges. m. b. H. Hamburg, Marke „Prime white“.	11,8	40,1	67,5	81,2	91,7	0,809	25
Motorenpetroleum d. Licht- u. Kraftpetroleumgesellschaft m. b. H. Limanowa	18	47,8	72,2	84	93,8	0,8045	26
Desgl.	13	22,6	34,4	62	89,8	0,824	24,5
Rumänisches Petroleum	12,7	60,5	88,3	—	97	0,806	30

IV. Treibmittel aus Braunkohlenteer und Schieferteer.

Der Braunkohlenteer wird bei der trockenen Destillation der Braunkohlen, der sog. Braunkohlenschwelerei, gewonnen, und zwar als Hauptprodukt, im Gegensatz zum Steinkohlenteer, der bei der Leuchtgaserzeugung und in den Kokereien als Nebenprodukt abfällt (siehe später).

In Deutschland hat diese Industrie ihren Hauptsitz in den sächsisch-thüringischen Braunkohlenbezirken. In Österreich war in Wesseln in Böhmen eine solche Destillation in Betrieb, in der die Braunkohlen in stehenden, den Appoltschen Koksöfen ähnlichen Öfen entgast wurden.

Eine ausführliche Beschreibung der Destillation der böhmischen Braunkohlen in der Kaumazitfabrik in Wesseln (Böhmen) lieferte Hodurek[1]). Anfangs wurden stehende, später liegende Öfen benützt, und man gewann aus dem Gas durch Auswaschen mit Wasser Ammoniak, ferner durch Auswaschen mit schweren Teerölen — ähnlich wie bei der Steinkohlenkokerei — Benzol, und als Rückstand Braunkohlenkoks mit einer Heizkraft von 6000—6600 Kal., der mit Vorteil zu den verschiedensten Zwecken verwendet wurde. Der Koksgrus wurde in Briketts verwandelt, die bei ihrer Verbrennung große Heizkraft und geringe Rauchentwicklung zeigten. Zur Brikettierung wurde das bei der Destillation des Braunkohlenteers zurückbleibende Pech benützt.

Der Teer der dort verwendeten böhmischen Braunkohlen hat die gleiche qualitative Zusammensetzung wie der sächsische Braunkohlenteer. Die Benzol-, Toluol- und Xylolfraktionen sind zwar wegen der in ihnen enthaltenen petroleumartigen aliphatischen Kohlenwasserstoffe für Nitrierungszwecke ungeeignet, doch fanden sie ausreichende Verwendung als Motorbenzol, sowie für Lösungs- und Karburierungszwecke. Auch die sonstigen Teerfraktionen sind für die verschiedensten Verwendungen, für die Paraffinfabrikation usw. geeignet.

Es unterliegt keinem Zweifel, daß auch viele andere Braunkohlen unter den gegenwärtigen Verhältnissen eine viel wirtschaftlichere Ausnützung durch Entgasung (trockene Destillation) finden würden als durch die sonstigen bisher geübten Verwendungen. Durch die immer mehr Verbreitung gewinnenden

---

[1]) Chem.-Ztg. 1904, S. 273.

Dieselmotoren und andere Verbrennungskraftmaschinen werden mehrere Fraktionen der Braunkohlenteere gewiß zunehmende Anwendung finden[1]), und die leichteste Fraktion, das Braunkohlenteerbenzin, von dem bisher nur ganz unzureichende Mengen erzeugt werden, wird entweder an und für sich oder in Mischungen mit Erdölbenzin oder mit Handelsbenzol ein ganz gut brauchbares Treibmittel für Kraftfahrzeuge geben. Nur müßte die Entgasung nicht nach Art der Verkokung in Koksöfen stattfinden, sondern nach Art der Entschwelung bei niedrigeren Temperaturen, evtl. unter Anwendung von überhitztem Wasserdampf, da ja in diesem Falle nicht die Verwendung der koksartigen Rückstände, sondern die Gewinnung eines Teers mit vorwiegend leichter siedenden Bestandteilen der Hauptzweck wäre.

An solchen Braunkohlen ist namentlich die österreichisch-ungarische Monarchie reich, und deshalb wäre eine viel häufigere Verwendung gewisser Braunkohlen, wie z. B. in Böhmen, in Steiermark (Leoben, Fohnsdorf), in Niederösterreich (Gloggnitz), sowie der ausgedehnten Braunkohlenvorkommen in Bosnien (Kakanj und Breza) voraussichtlich von wirtschaftlich befriedigendem Erfolge. Aber auch selbst gewisse Brandschiefer, die in den Braunkohlenflözen enthalten sind und die jetzt meistens auf Halden kommen und dort der Selbstentzündung und Verbrennung überantwortet werden, sind in dieser Richtung verwertbar[2]).

Die Destillation der Braunkohlen wird sich übrigens auch aus anderen Gründen in Zukunft als sehr vorteilhaft erweisen. Abgesehen von der schon erwähnten Verwendung gewisser Fraktionen der Braunkohlenteere als Treibmittel für Dieselmotoren haben F. Fischer und W. Schneider (Kaiser-Wilhelm-Institut für

[1]) Die eingangs erwähnten Bestrebungen, den Dieselmotor auch in den Dienst des Fahrzeugbetriebes zu stellen, scheinen in der letzten Zeit greifbarere Formen anzunehmen. So berichtete zum Beispiel Mahler im Wiener Automobilklub über ein ihm geschütztes Verfahren und eine Düsenkonstruktion, die beim Dieselmotor hohe Tourenanzahlen zulassen; erst diese aber ermöglichen ein Ausmaß und Gewicht, das innerhalb der Anwendungsmöglichkeit für den gedachten Zweck liegt. Auch eine klaglose Regulierung, die ebenfalls eine Hauptbedingung für den Fahrzeugmotor ist, zeigte sich bei seinen Versuchen als möglich.

[2]) Über die Verwertung des Braunkohlenteers siehe Näheres in Scheithauer, Die Schwelerei. Leipzig 1911, sowie in Schmitz, Die flüssigen Brennstoffe.

Kohlenforschung, Mühlheim a R.) weitere wichtige Verwendungen des Braunkohlen-Generatorteers mitgeteilt[1]), in gleicher Richtung später Ed. Donath und G. Ulrich[2]). Von größter Bedeutung sind jedoch die neuesten Forschungen von Harries, Koetschau und Fourobert[3]). Diese haben aus einem in beträchtlichen Mengen abfallenden Teil eines Braunkohlenteers, der bis jetzt als Heizmittel oder Schmieröl verwendet wurde, durch eine Reihe chemischer Umwandlungen Fettsäuren dargestellt, deren Kali- und Natronsalze alle charakteristischen Eigenschaften der Seifen besitzen. Diese wurden bereits auch in größeren Industrien mit Erfolg verwendet und als marktfähige Ware bezeichnet. Die Tragweite dieser Forschungen ist zweifellos eine sehr große und wird der Verwertung des Braunkohlenteers und somit der Braunkohle gewiß neue Wege eröffnen.

Die Verarbeitung des Braunkohlenteers erfolgt durch fraktionierte Destillation, evtl. in luftverdünntem Raume. Die dabei gewonnenen Produkte sind nach Scheithauer folgende:

Leichtes Braunkohlenteeröl (Benzin) . .	2— 3 %
Solaröl	2— 3 „
Helles Paraffinöl	10—12 „
Gasöl	30—35 „
Schweres Paraffinöl	10—15 „
Hartparaffin	8—12 „
Weichparaffin	3— 6 „
Nebenprodukte	4— 6 „
Wasser, Gas und Verlust	20—25 „

Das Braunkohlenteerbenzin kam früher unter dem Namen Photogen als Brennmaterial für Lampen bestimmter Konstruktion in den Handel. Heute wird fast die ganze Produktion im eigenen Betrieb bei der Reinigung des Paraffins gebraucht. Seine physikalischen und chemischen Konstanten sind nach Schmitz folgende:

Spez. Gewicht	0,780—0,810
Entflammungspunkt	25—30°
Siedeanalyse: Beginn 100—120°; es gehen über bis 150°	20%
„ 200°	80—100%
Viskosität	0,98 Englergrade

[1]) Stahl und Eisen, 1916 Nr. 23, und Braunkohle 1916, H. 15.

[2]) Montanistische Rundschau.

[3]) Chem.-Ztg. 1917, S. 119.

Ganz ähnliche Produkte wie bei der Braunkohlenschwelerei werden auch bei der Verarbeitung der bituminösen Schiefer gewonnen. In Deutschland wird ein ziemlich bedeutendes Vorkommen von solchem in der Grube von Messel bei Darmstadt ausgebeutet. Noch viel umfangreicher ist die Gewinnung von Schieferteer aus Ölschiefer in Schottland, wo z. B. im Jahre 1909 aus 3 Mill. t Ölschiefer 280 000 t Rohteer und 57 000 t Ammonsulfat gewonnen wurden. Auch in Südfrankreich besteht eine größere Industrie dieser Art, die bituminösen Schiefer auf Schwelteer verarbeitet, und auch in Australien wurden solche Ölschiefer gefunden.

Auch der aus den älteren Torfen erhältliche Torfteer wäre zur Gewinnung leicht siedender, dem Braunkohlenteerbenzin ähnlicher Produkte zu verwerten.

Stremme gibt in einem Vortrag „Das Erdöl und seine Entstehung“[1]) in dem volkswirtschaftlichen Teile desselben einen sehr guten Überblick über den ungemein schädlichen Einfluß, den die amerikanischen Trusts auf die Versorgung Deutschlands mit Petroleum und anderen Erdölprodukten ausüben. Um diesem Übelstand wenigstens zum Teil abzuhelfen, empfiehlt er eine vermehrte Destillation von bituminösen Schiefern und spricht sich darüber eingehender aus wie folgt:

„Im untern Gliede der Juraformation, im Schwarzjura oder Lias, finden sich in Deutschland weitverbreitet bituminöse Mergelschiefer, die sog. Posidonienschiefer. In Deutsch-Lothringen und im Elsaß sind diese Schichten 2—3 m mächtig, in Schwaben und Franken 10 m, in Nordwestdeutschland (bei Hildesheim, Goslar und Herford) 25 m. Ursprünglich bildeten diese jetzt vielfach unterbrochenen Schiefer eine zusammenhängende Schichte, erst durch Gebirgsbildung, vulkanische Ereignisse und Erosion wurde sie zerstückelt. Immerhin mag auch heute dieser Schiefer noch eine Fläche von mindestens 100 qkm bedecken, die zum größten Teil leicht erreichbar sind. In Reutlingen bestand vor 50 Jahren eine Fabrik, die diesen Schiefer auf Öl verarbeitete und etwa 5

[1]) Vortragsstoffe usw., Leipzig, bei F. Engelmann. Stremme empfiehlt zur näheren Orientierung: Duimchen, Die Trusts und die Zukunft der Kulturmenschheit, Berlin, bei I. Röde, und Brackel und Leis, Der dreißigjährige Petroleumkrieg.

Gewichtsprozente aus ihm gewann. Der Schiefer enthält 15—20% organische Substanz, möglich, daß man also heute mehr als 5% herausdestillieren würde. Nehmen wir das spez. Gewicht des Schiefers zu 2 und seine Durchschnittsmächtigkeit zu 10 m an, dann hätten wir ein Gewicht der 100 qkm von 2000 Mill. t. Diese würden bei der Destillation 100 Gewichtstonnen oder (bei 0,9 spez. Gewicht) 111 Mill. Maßtonnen, das sind 111 Milliarden l Öl ergeben. Der Verbrauch an Erdöl betrug in Deutschland im Jahre 1904 etwa 90 Mill. l einheimisches Rohöl und 550 Mill. l raffiniertes Öl. Nehmen wir anstatt dessen einen Gesamtjahresverbrauch an Rohöl von 750 Mill. l, so würde der eine Kubikkilometer bituminösen Schiefers allein ausreichen, uns etwa 150 Jahre mit Erdöl zu versorgen. Nun haben wir aber in Deutschland in fast jeder Formation bituminöse Gesteine, zum Teil von ähnlicher Mächtigkeit wie die des liasschen Posidonienschiefers, so daß dieser selbst nur einen verschwindenden Teil der im deutschen Grunde ruhenden bituminösen Gesteine darstellt. Dazu kommen noch die zahllosen, sich fortwährend bildenden und vermehrenden Ablagerungen von Faulschlammgesteinen, die alle bei geeigneter Behandlung Petroleum liefern könnten. Diese Gesteine wären zu verstaatlichen und staatlicher Destillationsbetrieb einzurichten. Die Transportmittel, die Eisenbahnen, sind schon staatlich.“

Stremme schließt mit den Worten: „Immerhin glaube ich mit meiner Berechnung eins klar gemacht zu haben: Wenn wir auch in Deutschland weniger zahlreiche Erdöldistrikte besitzen als manche andere Länder, so haben wir doch in den bituminösen Gesteinen Materialien, deren Ausnützung durch Destillation unseren Erdölverbrauch vielleicht in höherem Maße vom Auslande unabhängig machen kann, als er dies zur Zeit ist.“

Nach den angeführten Ergebnissen der Forschungen von Harries, Koetschau und Flourobert würden diese Vorschläge Stremmes zur Destillation der bituminösen Schiefer eine wichtige Unterstützung erfahren.

Die schottische Ölschieferindustrie erhielt durch das Aufkommen des Erdöls einen schweren Stoß[1]), sie erholte sich aber, anders als mancher deutsche Schieferölbetrieb, größtenteils

[1]) Siehe Debatin, Die Seife I, Nr. 27.

wieder, namentlich da es ihr gelang, sich durch Erhöhung der Ammoniakausbeute aus dem Mineral neue Einnahmequellen zu erschließen. In den neueren Großbetrieben steckt heute noch ein Kapital von etwa 60 Mill. M., ihre jährliche Durchschnittsförderung an Schiefer beträgt rund 3 Mill. t. Die Verkaufsprodukte sind Schiefersprit, Leuchtöle, Schmieröle, Maschinenöle, Schiffsmotoröle, festes Paraffin und schwefelsaures Ammoniak. Zur Zeit, im Kriege, hat die Ausbeute an Ammoniumsulfat, das in der Landwirtschaft an Stelle des Salpeters verwendet wird, erhöhte Bedeutung erhalten. Auch der steigende Verbrauch an Heizöl in der englischen Marine, der zur Zeit auch noch das persische Erdöl fehlt, hat neuerdings das Interesse für die einheimischen Vorkommen bituminöser Schiefer noch gesteigert. So wurden erst vor kurzem die Ölschiefer von Rimmeridge in Dorsetshire, auf die von französischer Seite hingewiesen wurde, gründlich untersucht.

Auch Frankreich hat schon seit den 40er Jahren des vorigen Jahrhunderts seine Schieferölindustrie. Bereits 1839 waren auf der Pariser Industrieausstellung aus Ölschiefer gewonnener Teer, Leuchtöl und Gasöl, rohes und gereinigtes Paraffin ausgestellt. Die bituminösen Schiefer von Vagnas (Ardéche) und von Autunois (Saône und Loire), die heute noch geschwelt werden, sind in ihrer Beschaffenheit der englischen Bogheadkohle ähnlich.

In Deutschland wurde im Jahre 1857 nach dem Beispiel der französischen Schieferbetriebe eine Mineralölfabrik in Reutlingen gegründet. Als aber das amerikanische Erdöl aufkam, mußte das Unternehmen im Jahre 1873 den Betrieb als unrentabel einstellen. Neuerdings hat sich ein großes Privatunternehmen der Sache angenommen und benützt bereits die günstige Konjunktur dazu, auch den schwäbischen Lias der Kriegsindustrie dienstbar zu machen.

Besser denn je floriert zur Zeit der Betrieb der Gewerkschaft Messel, wo der Abbau 1885 begonnen wurde. Aus dem gewonnenen Teer (Rohöl) wird durch Destillation und Reinigung Grünnaphtha und Grünöl dargestellt und letzteres durch Fraktionierung in leichte und schwere Öle getrennt. Den schweren Ölen wird durch Kühlen und Abpressen das Paraffin entzogen und das verbleibende Blauöl auf Schmieröl verarbeitet.

Vor einiger Zeit hat auch die Heeresverwaltung ihr Interesse für die deutschen Ölschiefer bekundet. Prof. Sauer in Stuttgart wies im vorigen Jahr eindringlich auf die mächtigen Ölschieferlager Schwabens hin. Das preußische Kriegsministerium hat dann auch durch Exzellenz Prof. Engler in Karlsruhe verschiedene Schiefervorkommen Süd- und Norddeutschlands auf ihren Bitumengehalt hin untersuchen lassen, ob sich ihre Aufarbeitung lohnt. Die Vorbedingungen für einen neuen Aufschwung, auch der deutschen Schieferölindustrie, wären also vorhanden; eine vernünftige Zollpolitik nach dem Kriege müßte allerdings das ihrige dazu tun, daß die Neugründungen im kommenden Frieden keinen allzu schweren Stand gegenüber der Einfuhr aus dem Auslande hätten[1]).

V. Treibmittel aus Steinkohlenteer.

Auf der 83. Versammlung Deutscher Naturforscher und Ärzte in Karlsruhe 1911 teilte Engler[2]) mit, daß nach neuerer Schätzung im Jahre 1908 der Gesamtkohlenvorrat Europas ungefähr 700 Milliarden t betrug, wovon auf das Deutsche Reich 416, auf Großbritannien 193, auf Belgien 20, auf Frankreich 19, auf Österreich-Ungarn 17 und auf Rußland 40 Milliarden t entfallen. Hiernach ist das Deutsche Reich mit seinen gewaltigen Kohlenlagern in Lothringen, Rheinland und Westfalen, vor allem auch in Schlesien, im glücklichen Besitz von weit über der Hälfte des Gesamtvorrates an Steinkohle in Europa. Noch reicher gesegnet mit Kohle sind allerdings die Vereinigten Staaten von Nordamerika mit einem geschätzten Kohlenvorrat von 680 Milliarden Tonnen. Europa und Nordamerika zusammen weisen somit einen Vorrat von rund 1400 Milliarden t auf. Macht man die allerdings willkürliche, doch wohl kaum übertriebene Annahme, daß die übrigen Erdteile zusammen, von denen bekanntlich Asien in China ganz gewaltige Kohlenlager besitzt, mindestens ebensoviel Kohlen haben, so kommt man auf einen ungefähren Kohlenvorrat der ganzen Erde von gegen 3000 Milliarden t.

---

[1]) Auch in Österreich gibt es in verschiedenen Kronländern ausgedehnte Vorkommen von bituminösen Schiefern. Der eine von uns (Donath) hat sich mit diesen schon seit längerer Zeit beschäftigt und wird die Ergebnisse seiner Untersuchungen gegebenenfalls seinerzeit mitteilen.

[2]) Chem-Ztg. 1911, S. 1062.

Die Frage nach der Dauer der Steinkohlenvorräte wurde schon seit längerer Zeit in mehrfacher Weise erörtert. Verschiedene Staatsregierungen haben zu diesem Zwecke Kommissionen eingesetzt, nachdem diese Angelegenheit in den Volksvertretungen zur Sprache gebracht wurde. Auf Bergmannstagen wurden diese Fragen diskutiert, und eine Reihe von Publikationen in verschiedenen Sprachen liegen darüber vor[1]).

Nach Frech stellen sich die Erschöpfungszeiten einiger wichtigerer Steinkohlenfelder in Europa folgendermaßen dar:

1. Die geringste Gesamtmächtigkeit der Schichten und die geringste Zahl der Flöze besitzen die Kohlenreviere von Zentralfrankreich (100 Jahre), Zentralböhmen, das Königreich Sachsen, die Provinz Sachsen (die Flöze der letzteren sind so gut wie erschöpft), die nordenglischen Reviere (Durham, Nordhumberland). Voraussichtliche Förderungsdauer 100—200 Jahre.

2. Wesentlich größer ist die Zahl der Flöze und die Mächtigkeit der gesamten Schichten in den übrigen englischen Kohlenfeldern (250—300 Jahre), Nordfrankreich (350—450 Jahre). Voraussichtliche Förderungsdauer 200—350 Jahre.

3. Noch günstiger liegen die Verhältnisse in Saarbrücken (etwa 800 Jahre), Belgien (etwa 800 Jahre), Aachen und den mit Aachen zusammenhängenden westfälischen (Ruhr usw.) Kohlenfeldern (etwa 800 Jahre). Voraussichtliche Förderungsdauer 400—800 Jahre.

4. Die größte Schichtenmächtigkeit (etwa 5000 m) und Flözzahl besitzt das Steinkohlengebiet in Oberschlesien. Voraussichtliche Förderungsdauer mehr als 1000 Jahre.

Auch in neuerer Zeit äußerte sich Frech[2]) wieder über die Kohlenvorräte Deutschlands:

1. Die beiden wichtigsten deutschen Kohlenfelder, das oberschlesische und das niederrheinisch-westfälische, besitzen, soweit die vorliegenden, zum Teil noch sehr dürftigen Daten einen Rückschluß gestatten, jedes für sich einen dem englischen zum mindesten gleichkommenden Kohlenvorrat.

---

[1]) Nasse, Die Kohlenvorräte der europäischen Staaten, insbesondere Deutschlands, und deren Erschöpfung. Berlin 1893. — Frech, Über Ergiebigkeit und voraussichtliche Erschöpfung der Steinkohlenlager. Stuttgart 1901.

[2]) Glückauf 1910, H. 17.

2. Dazu kommt noch das nach der Pfalz und Lothringen hinübergreifende Saarbrücker Revier mit rund 7—8 Milliarden t Kohle im engeren Saarbezirke, das niederschlesische und das sächsische, deren Bedeutung allerdings zurücksteht.

3. Bei der stärkeren Zusammenhäufung der deutschen Flöze auf verhältnismäßig wenig ausgedehnten Gebieten ist eine der englischen oder nordamerikanischen gleichkommende Produktionssteigerung nicht möglich; die Erschöpfungsdauer reicht daher für die beiden Hauptgebiete über ein Jahrtausend hinaus.

Das sind also Zahlen, die irgendwelche Befürchtungen eines Steinkohlenmangels auch für eine sehr ferne Zukunft nicht aufkommen lassen. Dabei muß berücksichtigt werden, daß ja immerfort noch neue Steinkohlenlager entdeckt werden und namentlich in den anderen Weltteilen noch enorme Steinkohlenlager vorhanden sind, die erst einer rationellen bergmännischen Aufschließung und Ausbeutung harren. Dies gilt z. B. besonders von China, über dessen Steinkohlenvorräte wir Richthofen ausführliche und verläßliche Mitteilungen verdanken. Nachdem dieser die verschiedenen Anthrazit- und Kohlenvorkommen Chinas geschildert hat, sagt er: „Alle bisher erwähnten chinesischen Vorkommen und überhaupt alle Kohlenfelder der Welt werden durch den Reichtum der Provinz Schansi in Schatten gestellt. Auf einer Fläche von 34 870 qkm liegen in beinahe söhliger Lagerung mehrere Flöze von Anthrazit, darunter ein Hauptflöz von 6—9 m Mächtigkeit, das allgemeine Verbreitung besitzt.“ Die vorhandene Masse des Anthrazits schätzt Richthofen auf das Minimum von 630 Milliarden t; dazu kommt noch — ebenfalls nach Schätzung des sicher vorhandenen Minimums — die gleiche Menge bituminöser Kohle. Das Areal, über das sich die von Eisen und Töpferton begleiteten mineralischen Schätze ausbreiten, beträgt nicht weniger als 1600—1750 deutsche Quadratmeilen. Richthofen sagt schließlich: „Wenn jedoch nach einem Jahrtausend der europäische und nordamerikanische Kohlenvorrat völlig erschöpft sein wird, so dürften die Kohlen und Eisensteine von Schansi zu einem Zentrum der Weltindustrie werden.“

Auf dem 12. internationalen Geologenkongreß in Kanada im Jahre 1913 war die Ermittlung der Kohlenvorräte der Erde ein besonderer Gegenstand der Tagesordnung, und haben Referenten aller Staaten und Länder ihre in dieser Hinsicht gemachten Erhebungen zur Mitteilung gebracht[1]). Herr Dr. J. Oppenheimer, Privatdozent an der k. k. Deutschen Technischen Hochschule in Brünn, der an diesem Kongreß teilnahm, hat uns einige Angaben über die diesbezüglichen Ergebnisse desselben zur Verfügung gestellt, die wir im folgenden wiedergeben.

„Der 12. internationale Geologenkongreß in Kanada hatte es sich zur Aufgabe gemacht, die Kohlenvorräte sämtlicher Staaten nach möglichst einheitlichen Gesichtspunkten aufzunehmen. Hierbei ist für die größte heute erreichbare Abbautiefe von 1200 m die Abbauwürdigkeitsgrenze mit 30 cm reiner Kohlenmächtigkeit angenommen, von da bis zu der auch in Zukunft nicht überschreitbaren Abbautiefe von 2000 m eine mindeste Kohlenmächtigkeit von 60 cm.

Nach der chemischen Beschaffenheit, dem Prozentsatz der flüchtigen Stoffe und der Verkokbarkeit wurden die Kohlen in vier Gruppen eingeteilt, von denen die erste als Anthrazit, die zweite und dritte als Steinkohle, die vierte als Braunkohle anzusprechen sind. Die Vorräte werden in aufgeschlossene, wahrscheinliche und mögliche getrennt. Hierbei ergaben sich in Milliarden Tonnen:

	Anthrazit	Steinkohle	Braunkohle	Summe
Europa	54	693	37	784
Amerika	22	2271	2812	5105
Afrika	12	45	1	58
Asien	408	760	112	1280
Australien . . .	1	133	36	170
Summe	497	3902	2998	7397

Daraus ist zu ersehen, daß Amerika in bezug auf Steinkohle mehr als die Hälfte, in bezug auf Braunkohle mehr als $^9/_{10}$ der Weltvorräte besitzt. Doch sind hier große Kohlenfelder noch gar nicht genauer untersucht, so daß die Schätzungen vorsichtig zu beurteilen sind. Diese Einschränkung gilt für Europa nicht, da hier alle Reviere so weit erforscht sind, daß Korrekturen, die das Gesamtresultat um 20% ändern könnten, nicht zu erwarten

[1]) The coal resouces of the world. Toronto 1913.

sein dürften, selbst wenn stellenweise noch lokal wichtige Funde gemacht werden sollten.

Die Ziffern für Deutschland, Österreich-Ungarn und Großbritannien lauten in Milliarden Tonnen:

	Aufgeschlossener Vorrat		Wahrscheinlicher Vorrat		Summe
	Steinkohle u. Anthrazit	Braunkohle	Steinkohle u. Anthrazit	Braunkohle	
Deutschland . . .	95	9	315	4	423
Österreich	3	12	38	1	54
Ungarn	0,004	0,4	0,1	1,3	2
Großbritannien. . .	142	—	48	—	190

Diese Zahlen zeigen uns deutlich das Übergewicht Deutschlands mit mehr als der Hälfte des europäischen Vorrates. Großbritannien verfügt kaum über die Hälfte dieser Menge. Österreichs Schätzung ist wohl zu bescheiden und wird wohl eine namhafte Korrektur nach oben erfahren müssen, die es an die dritte Stelle in Europa setzt.

Sind nun auch die Vorratszahlen mit einiger Sicherheit errechenbar, so ergibt sich daraus durchaus kein Anhaltspunkt für die Lebensdauer der Kohlenvorräte. Die heutige Kohlenproduktion darf ja nicht im entferntesten als Maßstab für die künftige Förderung angenommen werden. Sind doch viele und maßgebende Kohlenreviere noch in einem Stadium stürmischer Entwicklung begriffen. Es förderten zum Beispiel in Millionen Tonnen:

	1885	1913
Deutschland	74	279
Österreich-Ungarn . .	20	54
Großbritannien. . . .	162	292
Vereinigte Staaten . .	102	600[1])

Die Förderung hat sich demnach in bloß 28 (bzw. 31) Jahren in den Vereinigten Staaten versechsfacht, in Deutschland vervierfacht, in Österreich-Ungarn nahezu verdreifacht, während sie sich in Großbritannien kaum verdoppelt hat. Erst wenn diese stürmische Entwicklung einer ruhigeren Platz gemacht haben wird, wird eine sicherere Berechnung der Lebensdauer möglich sein.

[1]) Im Jahre 1916; die übrigen Staaten sind durch den Krieg beeinträchtigt.

Die bisherigen optimistischen Schätzungen der Dauer des Zeitalters der Kohle sind nach meiner Meinung nicht aufrecht zu erhalten, doch unterlasse ich es hier, die von mir gefundenen Zeiträume für die Erschöpfung der Kohlenvorräte näher anzugeben und meine abweichenden Anschauungen zu begründen. Diesbezüglich behalte ich mir eingehendere Mitteilungen gelegentlich eines in einem Fachvereine zu haltenden Vortrages vor."

Daß nun die Ausnützung der Steinkohlen, dieses kostbarsten Rohstoffes, den uns die Natur liefert, bisher eine sehr unwirtschaftliche war und auch zum Teil noch ist, darf jetzt wohl wenigstens in den Fachkreisen als allgemein bekannt angenommen werden. Daß es auch in anderen Ländern, wo das Steinkohlenvorkommen noch eine größere Bedeutung hat, wie z. B. in England, nicht besser ist, gewährt wohl nur einen schwachen Trost. Erst vor kurzem hat dort Reid in der Hauptversammlung der Society of chemikal Industrie zu Manchester einen Vortrag gehalten[1]), in dem er zum Schluß sagt: „Die Ausnützung der Kohle durch Verbrennung ist eine höchst barbarische Methode; die Nachwelt wird überrascht sein, daß wir derartig mit diesen Rohstoffen verfahren sind." Reid gebraucht also den gleichen Ausdruck, den andere deutsche Techniker, wie F. Siemens, auch schon gebraucht haben. Im Deutschen Reich ist es ja in den letzten 20 Jahren bedeutend besser geworden, nachdem man durch viele Jahrzehnte hindurch durch die höchst primitive Art der Kokerei allein über 147 500 000 M. jährlich in die Luft gejagt hatte[2]). Es waren dort insbesondere Bunte, Simmersbach, Messinger u. a. in dieser Richtung tätig, und Buntes Devise: „Heize mit Koks, koche mit Gas" ist jetzt wohl schon in weite Kreise gedrungen. In Österreich ist Donath seit mehr als 20 Jahren in Wort und Schrift für eine bessere Ausnützung der Mineralkohlen, speziell der Steinkohlen, eingetreten[3]).

Die Bedeutung der möglichst rationellen Ausnützung der Steinkohlen im Sinne der Leuchtgasfabrikation oder der Leuchtgas- und Destillationskokerei ist jedoch nach den Erfahrungen des Krieges eine noch viel größere geworden, und nicht umsonst

---

[1]) Die chem. Industrie, Nr. 21/22.

[2]) Simmersbach, Koksfeuerung, 1897.

[3]) Siehe u. a.: Über die wirtschaftlichere Ausnützung der Steinkohle, Vortrag, gehalten auf dem Allgemeinen Bergmannstag in Wien 1913.

benennt deshalb Lempelius[1]) die Verarbeitung der Steinkohle zu Koks einen Eckpfeiler der wirtschaftlichen Kraft des Deutschen Reiches, denn Deutschland steht auch in dieser Beziehung allen anderen Staaten voran, auf welchen Umstand auch Reid in dem oben zitierten Vortrag hinweist.

Zur näheren Beurteilung dieser Verhältnisse mögen hier einige statistische Zusammenstellungen folgen:

Reid (also nach einer englischen Quelle) bespricht die Kohlenproduktion der Hauptländer der Welt. Die letzten Zahlen, die aus obiger Quelle zur Verfügung stehen, beziehen sich auf die Produktion des Jahres 1913 in Millionen Tonnen: China 14,00, Indien 15,74, Japan (1912) 19,52, Neusüdwales 10,59, Neuseeland (1912) 2,18, Österreich-Ungarn 43,74, Belgien 22,86, Frankreich 42,67, Deutschland 278,63, Italien (1912) 0,66, Rußland 25,77, Spanien (1912) 3,13, Schweden 0,56, England 292,20, Westkanada 7,07, Ostkanada 8,80, Mexiko 1,00 Vereinigte Staaten 562,60, Südafrika und andere Länder 12,37.

Nach den letzten Mitteilungen stellte sich die Steinkohlenerzeugung Österreichs im Jahre 1915 mit 10 083 000 t um 672 000 t niedriger als 1914; an Koks 1 907 000 t oder 282 000 t weniger. Die Braunkohlenerzeugung betrug im gleichen Zeitraum 22 027 000 t, das bedeutet eine Abnahme von 1 745 000 t. Deutschlands Kohlenproduktion umfaßte im Jahre 1915 an Steinkohlen 146 712 315 t (161 535 224 t), an Braunkohlen 88 369 554 t (83 946 906 t), an Koks 26 359 330 t) (27 324 712 t).

Nach Bössner werden in Österreich täglich 5356 Waggons Steinkohle verfeuert. Österreich verbrennt also täglich an Stein- und Braunkohle zusammen 10 539 Waggons oder pro Stunde 439 Waggons, während es nur 49 Waggons stündlich entgast. 90% der österreichischen Kohle werden also, um den schon oben zitierten Ausdruck zu gebrauchen, auf diese „barbarische“ Weise verwendet.

Es ist von Interesse, die Mengen der unter Gewinnung von Nebenprodukten entgasten Kohlen in den drei Hauptländern der Kohle zu vergleichen. Von diesen Kohlen wurden verkokt in:

	1900	1909
Deutschland	30%	82%
England	10„	18„
Vereinigte Staaten	5„	16„

[1]) Dinglers polytechn. Journ. 1915, S. 447.

Man ersieht, daß die größte Zunahme der Nebenproduktengewinnung in den Vereinigten Staaten zu verzeichnen ist. In Europa ist die Zunahme in den letzten 9 Jahren in Deutschland am größten, nämlich eine 80 : 32 = 2,73fache gegen eine 18 : 10 = 1,8fache in England.

Österreich verkokte 1905 von 12,6 Mill. t Steinkohle 2 Mill. t und gewann daraus 1,4 Mill. t Koks, 43 901 t Teer, 15 564 t Sulfat, 3466 t Rohbenzol und 312 t Naphthalin[1]).

Der Steinkohlenteer entsteht also bei der trockenen Destillation der Steinkohlen als Nebenprodukt, während entweder Leuchtgas oder Koks die Hauptprodukte sind. Die Art der Destillation nun ist bei diesen beiden Industrien, die sich mit der Entgasung der Steinkohlen beschäftigen, der Leuchtgasindustrie und dem Kokereibetriebe, verschieden. Diese Verschiedenheit ist bedingt durch den Endzweck der beiden Fabrikationszweige, indem die Leuchtgasindustrie möglichst viel und leuchtkräftiges Gas aus der Kohle erzeugen will, während die Zechenkokereien ihre Hauptaufmerksamkeit auf einen guten und festen Koks, den metallurgischen oder Hüttenkoks, der eine für den Hüttenprozeß genügende Tragfähigkeit besitzt, richten. Dementsprechend sind — abgesehen von der Herkunft der Kohle — auch die physikalischen und chemischen Eigenschaften des Teers und auch die Ausbeute daran verschieden; letztere beträgt bei der Leuchtgasbereitung im Mittel 5%, bei der Koksfabrikation 2—4%.

Auch die weitere Verarbeitung des Steinkohlenteers erfolgt durch fraktionierte Destillation, und die dabei gewonnenen Erzeugnisse sind wichtige Handelsartikel geworden[2]). In Deutschland ist der Verkauf der Produkte dieser meist umfangreichen Betriebe (z. B. Rütkerswerke, Rauxel; Gesellschaft für Teerverwertung, Duisburg-Meiderich) syndiziert und liegt in den Händen der Deutschen Teerproduktenvereinigung, Essen, der Deutschen Teerverkaufsvereinigung, Bochum, und der Deutschen Benzolvereinigung, Bochum.

---

[1]) Siehe Rau, Über die Fortschritte in der Gewinnung der Nebenprodukte beim Kokereibetriebe. Stahl und Eisen 1910, Nr. 29.

[2]) Siehe Gewinnung und Verwertung von Nebenerzeugnissen bei der Verwendung von Stein- und Braunkohlen, von Dr. W. Scheuer, Jahrgang 1915, Bd. 76, Nr. 911/12, S. 22ff.

Der Destillation des Teers muß eine Abscheidung des bis zu 5% darin suspendierten Gaswassers vorausgehen. Für diesen Zweck hat sich Zentrifugieren am besten bewährt; geringe Mengen scheiden erst beim Anwärmen aus und werden, um Schäumen beim Destillieren zu vermeiden, sorgfältig entfernt. Das Gaswasser wird in üblicher Weise verarbeitet. Nunmehr wird der Teer durch entsprechende Destillation zunächst in einen nicht flüchtigen Rückstand, das Steinkohlenteerpech (etwa 50—55%), und in folgende 4 einzelne Fraktionen zerlegt:

1. Leichtöl: Siedepunkt bis 170°, spez. Gewicht 0,91—0,95, 2—4%.

2. Mittelöl (Karbolöl): Siedepunkt 170—230°, spez. Gewicht 1,01, 4—13%.

3. Schweröl: Siedepunkt 230—270°, spez. Gewicht 1,04, 9—11%.

4. Anthrazenöl: Siedepunkt 270—320°, spez. Gewicht 1,10, 15—25%. (Siehe hierzu auch das folgende Schema[1])).

Zur Destillation dienen schmiedeeiserne, mit direktem Feuer beheizte Blasen verschiedener Form mit gußeisernem Helm, der sich in eine eiserne Leitung fortsetzt, die zu vier getrennten, mit Kühlrohren versehenen Vorlagen führt. Eine Blase faßt gewöhnlich 15—20 t, die Destillation dauert dann etwa 12 Stunden; bei größeren Blasen bis 50 t Fassung stört die lange Destillationsdauer. Von 150° an wird evakuiert und Wasserdampf eingeleitet.

Von den so erhaltenen 4 Fraktionen kommt für den Gegenstand des vorliegenden Buches in erster Linie das Leichtöl in Betracht, das als wichtigste Bestandteile das Benzol und seine Homologen (Toluol, Xylole, Kumole) enthält. Es wird durch Destillation in drei weitere Fraktionen zerlegt, und zwar:

1. Leichtbenzol bis zu einem spez. Gewicht von 0,89,
2. Schwerbenzol „ „ „ „ „ „ 0,95,
3. Karbolöl „ „ „ „ „ „ 1,00.

Die dritte Fraktion geht zu den Mittelölen. Die beiden anderen werden einer chemischen Reinigung unterzogen, und aus den gereinigten Ölen erhält man durch nochmalige fraktionierte Destillation die verschiedenen Handelsmarken:

---

[1]) Nach Jaenichen, Die Automobil-Betriebsstoffe.

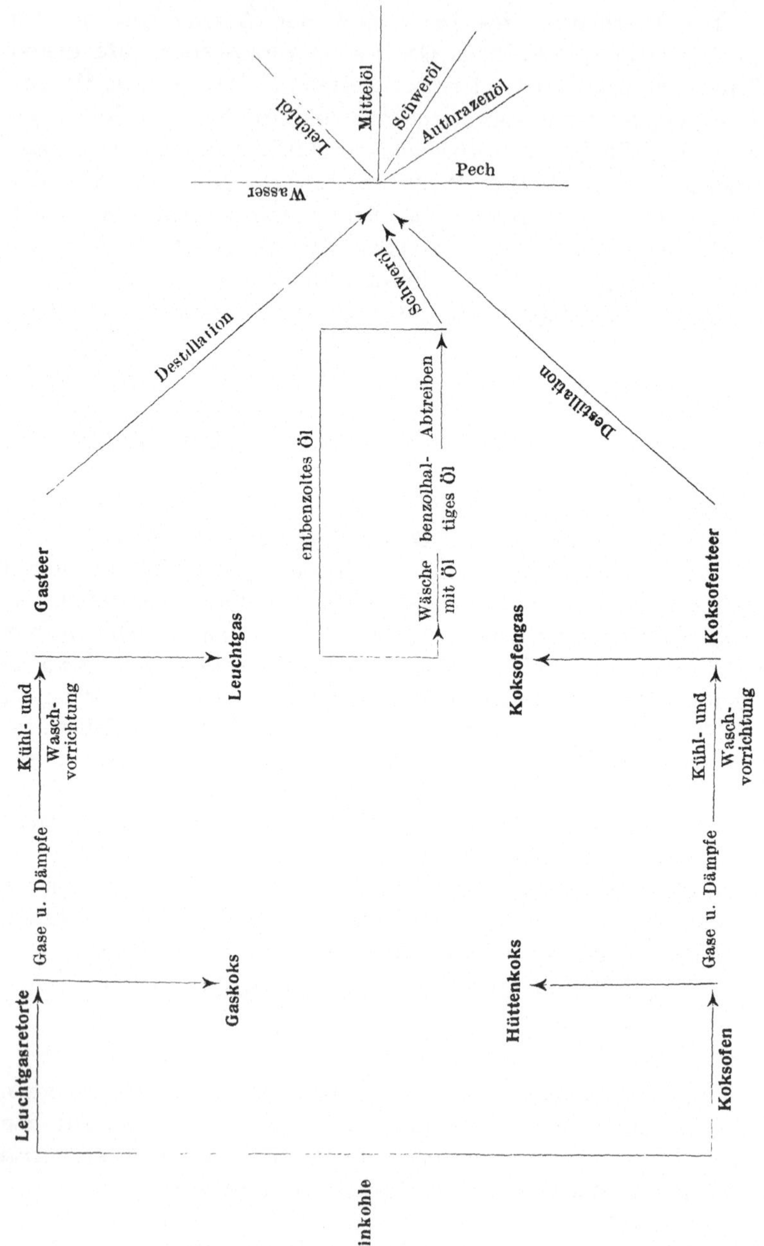
Steinkohle
Leuchtgasretorte
Koksofen
Gaskoks
Hüttenkoks
Gase u. Dämpfe
Gase u. Dämpfe
Kühl- und Wasch-vorrichtung
Kühl- und Wasch-vorrichtung
Leuchtgas
Koksofengas
Gasteer
Koksofenteer
Wäsche mit Öl
benzolhaltiges Öl
Abtreiben
entbenzoltes Öl
Schweröl
Destillation
Destillation
Wasser
Leichtöl
Mittelöl
Schweröl
Authrazenöl
Pech

1. 80/81er Benzol (Reinbenzol): 95% davon müssen zwischen 80 und 81° überdestillieren. Spez. Gewicht 0,883—0,885.

2. Handelsbenzol I (90er Benzol): 90% davon müssen bis 100° überdestillieren. Spez. Gewicht 0,880—0,883, Flammpunkt — 15° C.

3. Handelsbenzol II (50er Benzol): 50% davon müssen bis 100, 90 % bis 120° überdestillieren. Spez. Gewicht 0,875—0,877 Flammpunkt — 9,5°.

4. Toluol: 95% davon müssen von 109—110° überdestillieren. Spez. Gewicht 0,870—0,871.

5. Handelsbenzol III: 90% davon müssen von 100—120° überdestillieren. Spez. Gewicht 0,870—0,872, Flammpunkt + 5°.

6. Xylol: 90% davon müssen von 136—140° überdestillieren Spez. Gewicht 0,867—0,869.

7. Handelsbenzol IV: 90% davon müssen von 120—145° überdestillieren. Spez. Gewicht 0,872—0,876, Flammpunkt + 21°.

8. Handelsbenzol V: 90% davon müssen bis 160° überdestillieren. Spez. Gewicht 0,874—0,880, Flammpunkt + 21°.

9. Kumol: 90% davon müssen von 163—172° überdestillieren. Spez. Gewicht 0,886—0,890.

10. Handelsbenzol VI: 90% davon müssen von 145—175° überdestillieren. Spez. Gewicht 0,890—0,910, Flammpunkt + 28°.

11. Handelsschwerbenzol: 90% davon müssen von 160—190° überdestillieren. Spez. Gewicht 0,920—0,945, Flammpunkt +47°.

(Siehe hierzu auch das folgende Schema nach Spilker.)

Hiervon sind 1. und 4. sehr reines Benzol bzw. Toluol, 6. und 7. ebenso Gemische der drei verschiedenen Xylole bzw. der Kumole. Die Handelsbenzole dagegen stellen Gemische dieser Kohlenwasserstoffe dar, und zwar enthalten sie davon etwa folgende prozentische Mengen:

	I	II	III	IV	V	VI	Schwerbenzol
Benzol	84	43	15	—	—	—	—
Toluol	13	46	75	25	5	—	—
Xylole	3	11	10	70	70	35	5
Kumole	—	—	—	5	25	60	80
Schwere Kohlenwasserst.	—	—	—	—	—	5	15

Außer aus dem Teer wird Benzol auch aus den Koksofen-

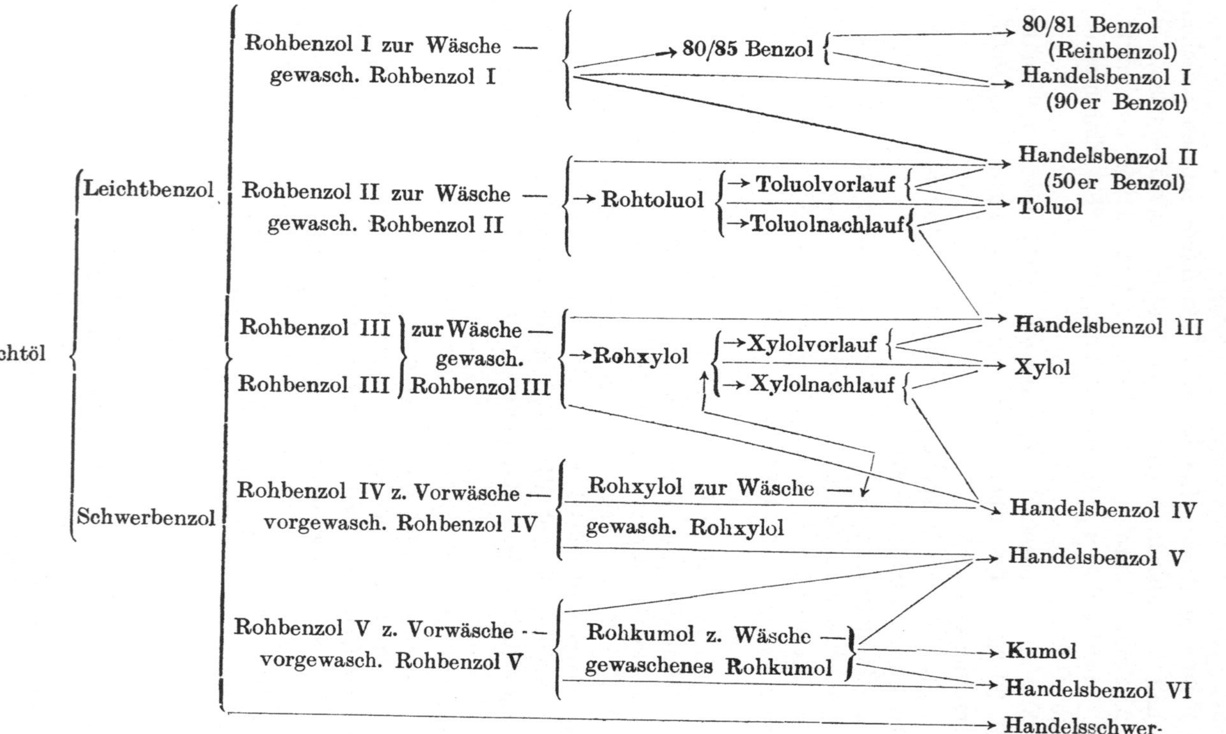
Leichtöl
Leichtbenzol
Schwerbenzol
Rohbenzol I zur Wäsche —
gewasch. Rohbenzol I
Rohbenzol II zur Wäsche —
gewasch. Rohbenzol II
Rohbenzol III zur Wäsche —
gewasch. Rohbenzol III
Rohbenzol IV z. Vorwäsche —
vorgewasch. Rohbenzol IV
Rohbenzol V z. Vorwäsche —
vorgewasch. Rohbenzol V
80/85 Benzol
Rohtoluol
Toluolvorlauf
Toluolnachlauf
Rohxylol
Xylolvorlauf
Xylolnachlauf
Rohxylol zur Wäsche —
gewasch. Rohxylol
Rohkumol z. Wäsche —
gewaschenes Rohkumol
80/81 Benzol (Reinbenzol)
Handelsbenzol I (90er Benzol)
Handelsbenzol II (50er Benzol)
Toluol
Handelsbenzol III
Xylol
Handelsbenzol IV
Handelsbenzol V
Kumol
Handelsbenzol VI
Handelsschwerbenzol

gasen gewonnen in der Weise[1]), daß man ihnen dieses (und die homologen Körper) durch Waschen mit schwerem Teeröl entzieht. Sobald dieses Waschöl mit Benzol gesättigt ist, wird es in einer Destillierkolonne davon mittels Dampf befreit; das abgetriebene Waschöl geht wieder in die Absorptionsapparate zurück. Vielfach wird der Ablauf dieser Benzolwäsche auch zusammen mit dem aus dem Teer gewonnenen Leichtöl verarbeitet, da er eine ganz ähnliche Zusammensetzung wie dieses hat (siehe das obige Schema).

In Deutschland vermag die hochentwickelte Kokereiindustrie den Bedarf an Benzol zu decken, während in Österreich hauptsächlich an die Gaswerke die Aufgabe herantritt, ihre Benzolproduktion dem gesteigerten Bedarfe anzupassen. Die staatliche Entbenzinierungsanstalt in Boryslaw gedenkt aus dem galizischen Erdöl 6% Benzin gewinnen zu können. Nach diesem Schlüssel gerechnet ergebe das gesamte österreichische Erdöl pro Jahr 750 000 dz Benzin. Nachdem aber ein Großteil dieser Menge bereits früher erzeugt und verbraucht wurde und der deutsche Markt in 13 Jahren eine um 629% vermehrte Benzolproduktion aufzunehmen vermochte, so beweist dieser Umstand nur die große steigende Nachfrage nach Motorbetriebsmitteln, die auch ein steigendes Angebot von Benzol zu bewältigen vermögen wird.

Die Teerproduktion nun[2]) könnte nur durch eine Erhöhung der Steinkohlengasproduktion gesteigert werden. Dies ist aber wegen des zu befürchtenden Gasüberschusses nicht möglich. Es lag daher der Gedanke nahe, ebenso wie in den Kokereien auch in den Gaswerken das Benzol aus dem Steinkohlengas zu gewinnen. Das Benzol kommt ja zu einem nennenswerten Betrage im Leuchtgas vor. So betrug der Benzolgehalt eines Rohgases aus westfälischer Kohle 1,25 Vol.-Proz. Auch der Benzolgehalt eines Mischgases aus Steinkohlengas und Wassergas, wie es jetzt hauptsächlich von den Gaswerken abgegeben wird, beträgt nach Strache noch 1 Vol.-Proz., entsprechend 35 g/cbm. Der Benzolgehalt ist bedeutend niedriger, als man es nach der Dampftension des Benzols erwarten würde. So enthält mit Benzol gesättigtes Gas schon bei + 10° 200 g/cbm. Es ist jedoch zu berücksichtigen, daß das Gas bei seiner Erzeugung mit Teer in

---

[1]) Siehe u. a. O. Simmersbach, J. f. Gasbel. 1911, 581.

[2]) Nach Glaser, Benzol und Leuchtgas. Feuerungstechnik IV, H. 11.

Berührung kam, der so viel Benzol auflöst, bis der Dampfdruck des Benzols im Gase gleich ist seinem Dampfdruck in der Teerlösung.

Zur Abscheidung des Benzols aus Leuchtgas gibt es drei verschiedene Mittel:

1. Kompression. Diese hat bisher noch keinen Eingang in die Praxis gefunden, wohl deshalb, weil man für ungefähr 99 Vol.-Proz. des Gases die Kompressionsarbeit nahezu nutzlos leisten müßte.

2. Ausfrieren. Der praktischen Verwendbarkeit dieser Methode steht die hohe Dampftension des Benzols bei niedrigen Temperaturen entgegen. Diese beträgt noch bei —20° 5,79 mm Hg, entsprechend 28,6 g/cbm.

3. Auswaschen. Für technische Zwecke kommen nur billige Waschmittel in Betracht, wie Teeröle (Waschöle, Anthrazenöle) und Paraffinöle. Solche Waschanlagen, die meist mit drei Koksskrubbern versehen sind, werden für Kokereien schon längere Zeit gebaut und arbeiten auch vom wärmeökonomischen Standpunkt aus betrachtet recht günstig. Besondere Beachtung verdienen aber die rotierenden Standardwäscher, die sich ja auf den Gaswerken überhaupt gut bewährt haben. Ob für ein Gaswerk eine Benzolgewinnungsanlage, bei der das Benzol in einer Kolonne kontinuierlich abgetrieben wird, oder eine Anlage mit diskontinuierlichem Destillationsbetrieb empfehlenswert ist, wird wohl von verschiedenen örtlichen Umständen abhängen. In allen Fällen aber muß das Waschöl von Zeit zu Zeit von Naphthalin und Teer, die sich neben dem Benzol auflösen, befreit werden.

Im Steinkohlenteer sind ferner 5—10% Naphthalin gelöst enthalten, um so mehr, je höher die Destillationstemperatur ist. Dieses geht bei der Fraktionierung des Teers mit dem Mittelöl über, das davon durchschnittlich 40% enthält. Es wird daraus durch Abkühlen und Abpressen gewonnen und zwecks Reinigung sublimiert.

Wie schon oben erwähnt, zeigen die einzelnen Teersorten nicht die gleiche Zusammensetzung. Der Gasteer weist darin wegen der Verschiedenheit in der Wärmewirkung der Ofenapparatur größere Unterschiede auf, insbesondere ist der Vertikalofenteer arm an Benzol. Von den wertvollen Bestandteilen enthalten die Teere in Prozent etwa[1]):

---

[1]) Nach Scheuer, loc. cit.

	Gasteer	Kokereiteer
Leichtbenzole	1,5—2	0,1—0,5
Schwerbenzole	0,5—1	0,5—1
Karbolsäure, rein	0,5—1	0,4—0,5
Naphthalin, rein	4—6	5—10
Anthrazen, rein	0,3—0,5	0,3—0,5
Pyridinbasen	0,26	0,26
Schwere Teeröle	20—30	20—30
Pech	50—60	50—60

Die Produktion an Koksofenteer hat im letzten Jahrzehnt so bedeutende Fortschritte gemacht, daß Deutschland zur Ausfuhr von Teer übergehen konnte, während es früher zur Deckung seines Bedarfes auf das Ausland und besonders auf England mit seiner hochentwickelten Gasindustrie angewiesen war. Die Menge des in Deutschland erzeugten Koksofenteers betrug nach Schmitz in Tonnen:

1897	53 000
1900	94 000
1904	277 000
1907	600 000
1908	625 000
1911 (schätzungsweise)	1 000 000

Zur Zeit werden in Deutschland mehr als 0,4 Mill. t Gasteer und 1 Mill. t Kokereiteer gewonnen, von denen 1 Mill. t im Werte von 24 Mill. M. destilliert werden. Der Rest dient zum Anstrich von Holz, Stein und Eisen, zur Darstellung von Ruß, zur Fabrikation von Dachpappe, von der in Deutschland jährlich 130 Mill. Quadratmeter hergestellt werden, und für manche andere Zwecke.

Der Außenhandel in Rohteer betrug:

	Einfuhr		Ausfuhr	
	Menge in t	Wert 1000 M.	Menge in t	Wert 1000 M.
1890	35 766	2074	9 400	545
1895	34 646	1559	16 048	722
1900	35 554	1778	32 437	1667
1905	37 293	2695	42 889	2145
1910	21 252	638	42 318	1849
1911	18 966	569	54 564	2380

Der Preis des Teeres ist seit 1900 von etwa 26 M. auf 20 M./t gefallen.

Namentlich Deutschland ist für den Betrieb der Motorfahrzeuge auf die Brennstoffe angewiesen, die als Kohlenstoffverbindungen Nebenprodukte der Gasanstalten und Kokereien bilden. Von diesen kommen derzeit in erster Linie in Frage Benzol und Naphthalin.

1. Das Benzol.

Unter dieser Bezeichnung hat man hier nicht den reinen Kohlenwasserstoff C_6H_6 zu verstehen, dessen Konstitutionserforschung bekanntlich so wichtig war für die fruchtbare Theorie der aromatischen Verbindungen. Die chemisch rein dargestellten Kohlenwasserstoffe, das Reinbenzol oder 80/81er Benzol, wie auch das Reintoluol und das Reinxylol, werden nur in der chemischen Industrie, nicht aber als Brennstoffe verwendet. Es kommen hier vielmehr die erwähnten Handelsbenzole in Betracht, die nicht allein Benzol enthalten, sondern neben diesem auch noch Toluol (Methylbenzol), die zweifach methylierten Xylole und die noch höher methylierten Kumole, ja in manchen dieser Handelsbenzole sind diese methylierten aromatischen Kohlenwasserstoffe, wie oben angeführt, sogar vorwiegend.

Daß nicht reines Benzol als solches als Treibmittel für Kraftfahrzeuge verwendet wird, geschieht aus mehreren Gründen. Erstens wäre es infolge der Art seiner Darstellung viel zu kostspielig, dann erstarrt es bereits bei 0° (sog. Eisbenzol) und würde daher im Winter meistens den Dienst versagen; ferner ist es auch verhältnismäßig weniger leicht verbrennlich und daher in Luftmischungen weniger explosiv. Tritt jedoch wenigstens eine Methylgruppe ein, wodurch das Toluol entsteht, so sind diese Eigenschaften wesentlich abgeändert. Gemische von solchen Kohlenwasserstoffen erstarren erst bei viel niedrigeren Temperaturen, auch sind die methylierten Benzole leichter verbrennlich. Die wasserstoffreiche Methylkette ist leichter angreifbar und verleiht dadurch dem ganzen Molekül eine größere Reaktionsfähigkeit (Verbrennlichkeit und Explosivität in Luftgemischen). Den Einfluß der Methylkette ergiebt man am besten, wenn man die Eigenschaften des Trinitrobenzols und des Trinitrotoluols miteinander vergleicht. Ersteres ist zwar auch an und für sich explosiv, jedoch nicht in so hohem Grade, daß es als starker Explosivstoff verwendet werden könnte. Das Trinitrotoluol aber ist einer der stärksten Explosivstoffe, bekannt unter dem Namen „Trotyl", der zur Ladung der schwersten Marinegeschütze und auch zur Granatenfüllung benützt wird. Es enthält eben neben den drei Nitrogruppen auch noch eine Methylgruppe.

Für den Automobilbetrieb kommt allein das Handelsbenzol I, das 90er Benzol, in Betracht, das seit 1910 in größeren Mengen als Treiböl zum Antrieb von Kleinmotoren, speziell Kraftfahrzeugen, benützt wird. Es findet ferner Verwendung zur Herstellung von Farbstoffen, als Lösungs- und Reinigungsmittel für Gummi, Kautschuk und viele andere organische Körper, zur Beleuchtung, besonders Außenbeleuchtung, in Benzolglühlichtlampen (Fernholzlampen), zum Karburieren von Wassergas und Leuchtgas, als Ersatz für Benzin in der chemischen Wäsche, zum Extrahieren von Fett aus Knochen usw.

In Deutschland wird dieses 90er Benzol seitens der Deutschen Benzolvereinigung, die praktisch den gesamten Benzolhandel beherrscht, unter der Benennung „gereinigtes 90er D. B. V. Motorenbenzol" auf den Markt gebracht. Die chemischen und physikalischen Konstanten von 90er Rohbenzol und 90er gereinigtem Handelsbenzol sind nach Schmitz folgende:

		90er Rohbenzol	90er gereinigtes Handelsbenzol
Farbe		wasserhell bis gelblich	farblos, wasserhell
Spez. Gewicht		0,86—0,88	0,880—0,883
Siedepunktanfang		79—80°	81°
Bis 100° destillieren		90—93%	90—93%
Erstarrungspunkt		—10—12°	—4—5°
Flammpunkt etwa		—15°	—15°
Heizwert, oberer, etwa		10 050 WE/kg	10 050 WE/kg
Heizwert, unterer, etwa		9 600 „	9 600 „
Elementaranalyse	C	90,0%	91,5%
	H	7,6 „	7,8 „
Schwefelgehalt, durchschnittlich		0,8 „	0,5 „
Theoretischer Luftbedarf		—	10,2 cbm

Die deutsche Benzolproduktion betrug[1]) im Jahre 1890 etwa 4000 t, 1900 etwa 25 000 t und 1913 nach den Angaben der Deutschen Benzolvereinigung etwa 160 000 t, wovon die Hälfte für motorische und kleingewerbliche Zwecke verbraucht wurde, während die andere Hälfte in der chemischen Großindustrie weiter verarbeitet wurde. Der Preis für 90er Benzol war 1890 etwa 100 M. pro 100 kg, 1900—1910 rund 20 M. und zur Zeit etwa 25 M. Seit 1908 übersteigt die Ausfuhr die Einfuhr.

Auch in anderen Ländern ist die Benzolgewinnung in den letzten Jahren stark gestiegen. Sie betrug z. B. in Rußland im Jahre 1915 600 000 Pud gegen 50 000 Pud 1914 und 7000 Pud 1913. Im Donetzbassin, der bisher alleinigen Herstellungsstätte, waren zu Beginn des Krieges von insgesamt 1082 Koksöfen mit Nebenproduktengewinnung nur 3 Anlagen mit 358 Öfen mit Benzolfabriken. Im ersten Kriegsjahre kamen allmählich einige Betriebe dazu, und Ende 1915 waren bereits 1200 Koksöfen mit Benzolgewinnung im Betrieb und weitere 800 im Bau. Ferner wurden in Westsibirien, im Kusnetzker Kohlenrevier, Koksöfen mit Nebenproduktengewinnung gebaut; da aber trotz alledem der Bedarf nicht gedeckt ist, werden zahlreiche Versuche — im Laboratorium und im großen — gemacht, um durch Naphthalindestillation Benzol zu gewinnen.

In der nächsten Zeit wird die Produktion an Handelsbenzol — auch in Österreich — ganz gewiß eine noch größere Ausdehnung annehmen. Eine Anzahl von Kokereien richtet sich jetzt auf Benzolgewinnung ein, und es ist zu erwarten, daß bald keine Kokerei ohne Benzolgewinnung bestehen wird. Auch denkt man jetzt, wie oben angeführt, daran, das Leuchtgas der vielen großen städtischen Gaswerke ebenfalls zu entbenzolieren. Früher, als man das Leuchtgas noch in offenen Flammen brannte, waren gerade diese aromatischen Kohlenwasserstoffe für die Leuchtkraft des Gases von großer Bedeutung. Gegenwärtig aber, wo bei der fast ausschließlichen Glühlichtbeleuchtung die Verbrennungswärme des Gases die Hauptrolle spielt, ist dies nicht der Fall, und man kann evtl. das entbenzolierte Leuchtgas durch billigere flüssige Kohlenwasserstoffe karburieren, um es an und für sich leuchtender zu machen.

---

[1]) Petroleum 1916, Nr. 18.

Es ist sehr zu begrüßen, daß in letzter Zeit der österreichische Ingenieur- und Architektenverein in Wien einen Dringlichkeitsantrag eingebracht hat, der sich mit den Mitteln beschäftigt, um eine erhöhte Gewinnung der Nebenprodukte der Koks- und Leuchtgaserzeugung in Österreich in tunlichst kurzer Zeit zu erzielen. Über seine Anregung hat auch der Verein der Gas- und Wasserfachmänner in Österreich-Ungarn, sowie der Verein österreichischer Chemiker in Wien sich diesen Bestrebungen angeschlossen, und es wurde aus diesen drei Vereinen zur Beratung über die einzuschlagenden Wege ein 17gliedriger Ausschuß gewählt.

In Amerika mit seinem Erdölreichtum beherrscht das Benzin noch den Automobilismus. Es wurde aber schon vielfach auch die Frage aufgeworfen, warum nicht auch hier das Benzol mehr eingeführt wird. Der Zusammenhang ist der, daß das Benzol ursprünglich zur Gewinnung von Karbolsäure, Farben und Medikamenten benützt wurde. Und da diese Industrien vor dem Kriege in Amerika nur schlecht entwickelt waren, so wurde der Produktion von Benzol bei der Kohlendestillation keine Aufmerksamkeit geschenkt, und es bestand eine nur geringe Nachfrage. In der Gasindustrie wurde seine Gewinnung seither schon rationeller betrieben. Das gesamte Erzeugnis wird aber gegenwärtig zur Gewinnung von Karbolsäure, dem Ausgangsstoff für Explosivstoffe und Farben, verarbeitet, so daß für Motorbrennstoff nichts übrigbleibt. Man schätzt, daß Amerika 1916 nur etwa 20 Mill. Gallonen Benzol hergestellt hat, wohingegen bei Ausnützung aller Möglichkeiten etwa 125 Mill. auf den Markt gebracht werden konnten, so daß reichlich viel auch als Motorbrennstoff Anwendung finden könnte. In Zukunft dürfte daher auch in Amerika, im Lande des Benzins, das Benzol konkurrierend auftreten, vor allem, wenn die Preisverhältnisse günstig gestaltet werden können.

In der folgenden Tabelle nach Dieterich sind die Eigenschaften der beiden wichtigen Motorenbetriebsstoffe, des Benzins und des Benzols, übersichtlich zusammengestellt.

Die Schwierigkeiten, die sich anfänglich bei der Verwendung von Benzol statt Benzin als Automobiltreibmittel ergaben, wurden bald durch die Konstruktion geeigneter Vergaser überwunden. Dann aber verschaffte sich jene eine von Jahr zu Jahr steigende Verbreitung, und zwar besonders auch aus folgenden Gründen:

	Motoren Benzin	Motoren Benzol
Herkunft	Destillationsprodukt aus Erdölen	Destillationsprodukt aus Steinkohlen
Herstellung und Reinigung	Durch wiederholte fraktionierte Destillation, evtl. Reinigung durch Waschen mit Säuren und Alkalien	Zum größten Teil aus den Koksofengasen, zum kleineren Teil aus dem leichten Steinkohlenteeröl; Reinigung durch wiederholte Destillation und Waschen mit Säuren, Lauge und Wasser. Kann im Laboratorium auch synthetisch aus Benzoesäure oder Acetylen hergestellt werden
Chemische Zusammensetzung	„Wechselndes" Gemisch von Paraffin-Kohlenwaserstoffen: Butan C_4H_{10}, Pentan C_5H_{12}, Hexan C_6H_{14}, Heptan C_7H_{16}, Octan C_8H_{10} Hauptbestandteil Hexan. S. P. 69° C	Fast „konstantes" Gemisch von aromatischen Kohlenwasserstoffen. Reinbenzol mit 95% C_6H_6, Handelsbenzol (das Automobilbenzol) 90 proz., besteht aus 84% Benzol, 13% Toluol, 3% Xylol und Spuren Thiophen; es heißt 90%, weil bis 100° C 90% übergehen sollen
Chemische Formel und Charakteristik	In der Hauptsache C_6H_{14}, weiterhin C_4H_{10}, C_5H_{12}, C_7H_{16}, C_8H_{18} Paraffin-Kohlenwasserstoffe mit offener Kohlenstoff-Kette, gegen Säuren u. Alkalien unempfindlich; (parum affinis)	In der Hauptsache C_6H_6, außerdem C_6H_5 (CH_3) und C_6H_4 $(CH_3)_2$ und C_4H_4S. Aromatische Kohlenwasserstoffe mit ringförmiger Kohlenstoffkette; Salpetersäure und Schwefelsäure verwandelt Benzol in Nitrobenzol
Kohlenstoff- und Wasserstoffgehalt	Ca. 85% C, 15% H	Ca. 92% C, 8% H
Spezifisches Gewicht	Von 0,680 (Leichtbenzin) bis 0,750 und höher (Schwerbenzin) bei 15° C	Reinbenzol 0,8730—0,8770 bei 15° C. Auto-Handelsbenzol rund 0,880 bei 15° C
Siedepunkte	Hexan 69° C (Pentan 36° C, Heptan 98,4° C, Octan 125,5° C); Leichtbenzin von 0,650 bis 0,700, 40 bis 100° C; Mittelbenzin ca. 0,700 bis 0,730, 45—140° C	Reinbenzol 80—81° C Handelsbenzol ca. 80—120° C Toluol 111° C Xylol 138—141,9° C
Heizwert in Kalorien	9500—10 500	9350—10 000
Gefrierpunkt	Unter minus 15° C	Reinbenzol bei 0° C, Handelsbenzol bei minus 5° C. Mischung von $^2/_3$ Benzol und $^1/_3$ Benzin bei ca. minus 10° C. Handelsbenz l wird im Winter mit mehr Toluol versetzt, um Gefrierpunkt zu erniedrigen
Explosionsgeschwindigkeit der Mischung mit Luft	2,5 Sekundenmeter (Knallgas das 100-fache)	Geringer als beim Benzin

Für die Verbrennung nötige berechnete Luftmenge	Auf 1 Kilo 11,7 cbm Luft. Luft besteht aus $^4/_5$ Stickstoff und $^1/_5$ Sauerstoff	Auf 1 Kilo 10,2 cbm Luft, in praxi wird ca. 20% mehr Luft verbraucht
Verbrennungsformel	$C_6H_{14}+19\,O=6\,CO_2+7\,H_2O$. Hexan + Sauerstoff = Kohlensäure + Wasser	$C_6H_6 + 15\,O = 6\,CO_2 + 3\,H_2O$. Benzol + Sauerstoff = Kohlensäure + Wasser
Brennstoffausnützung	Bei ökonomischem Motor 20—23%; Rest geht als Wärme und Verbrennungszwischenprodukte verloren, da nur ein kleinerer Teil vollkommen zu Kohlensäure oxydiert wird	Ähnlich wie beim Benzin. Benzol ist gegen die Luftmischung weniger empfindlich als Benzin
Effektive Nutzleistung eines 35 HP Büssingmotors nach amtl. Feststellungen	Bei 1500 Tourenzahl: Mittelbenzin: 54 HP, Schwerbenzin: 53,6 HP	Nur 49,4 HP, um 8% geringer
Wieviel faßt ein Benzinbehälter von 100 Litern?	70 Kilo Benzin	86,5 Kilo Benzol. Man fährt also bedeutend größere Strecken mit einer Füllung
Vergasung	Ist bei Benzin leichter; die meisten modernen Vergaser verarbeiten Benzin und Benzol	Vergast schwerer, braucht in praxi mehr Luft und Wärme. Am besten sind „regulierbare" Vergaser mit verstellbarer Düse und Schwimmernadel
Geruch und Auspuffgase	Fast geruchlos. Auspuffgase schleimhautreizend, sauer und kratzend	Aromatisch; Auspuffgase ebenfalls nach Benzol, jedenfalls angenehmer riechend als bei Benzin
Giftigkeit	Gase giftig, Vorsicht geboten	Rohbenzol giftiger, Autobenzol weniger giftig; ebenfalls Vorsicht geboten
Feuergefährlichkeit	Feuergefährlich	Weniger feuergefährlich, da schwerer verdunstend
Werden Maschinenteile angegriffen?	Nein	Nein, wenn ja, ist Vergaser nicht richtig eingestellt. Verrußen und Verschmieren weist auf unrationelle Vergasung oder ungeeigneten Vergaser hin
Preis per Kilo	Leichtbenzin über 50 Pfg., Schwerbenzin billiger	Anfangs 30 Pfg., jetzt teurer
Abhängigkeit vom Ausland und Verkaufsstellen	Ausland (Amerika, Indien, Japan, Sunda-Inseln) produziert an Erdöl gegen 40 Mill. t; Europa (Rußland, Galizien, Rumänien, Deutschland) kaum $^1/_3$ hiervon; wir sind also zum großen Teil vom Ausland abhängig. Benzin überall zu haben	Deutschland produziert schon ca. 120—150 000 t; 1914 konnte von deutscher Benzolvereinigung Inlandsbedarf gedeckt werden; Benzolstationen schon eingerichtet, weitere Stationen folgen

Erstens stellen sich bei den heutigen Preisen für Benzin und Benzol die Betriebskosten bei letzterem um etwa 30% billiger als bei Benzol. Und zweitens besitzt das Benzol wegen seines höheren spez. Gewichtes einen größeren spez. Wärmeinhalt, was zur Folge hat, daß man in einem und demselben Brennstoffbehälter bei Verwendung von Benzol etwa 20% mehr Wärmeeinheiten mitführen kann als bei Leichtbenzin, wodurch sich natürlich auch der Aktionsradius des Wagens um etwa 20% erhöht. Irgendwelche Nachteile für die Maschinenteile bestehen nicht, da diese nicht mehr und nicht weniger angegriffen werden als beim Benzinbetrieb, vorausgesetzt, daß der Vergaser für Benzol einreguliert ist. Ein Verrußen und Verschmieren liegt zumeist am Vergaser, nicht am Benzol. Auch das schwefelhaltige Thiophen, das in größerer Menge evtl. die Eisenteile angreifen könnte, kommt nicht in Betracht, da das 90er Handelsbenzol nur noch Spuren davon enthält.

In Deutschland haben nun über 100 Benzolfabrikanten beim Reichsamt des Innern beantragt, daß die sämtlichen, für Benzin gewährten Erleichterungen sofort, d. h. so rasch als tunlich, jedensfalls aber mit Friedensschluß aufgehoben werden, und daß sämtliche Kraftwagen, die nicht mit Benzol fahren, die doppelte Steuer zahlen sollen. Da dies eine Monopolstellung des Benzols zur Folge hätte, wurde von seiten der Kraftfahrer dagegen verschiedentlich Stellung genommen. Über diese Streitfrage äußert sich Dieterich, der schon 1908 in der Zeitschrift des mitteleuropäischen Motorwagenvereines, Heft 5, für die Verwendung von Benzol statt Benzin eingetreten war, neuerdings in der Berliner allgemeinen Automobilzeitung wie folgt: „Ich habe mich früher beim Eintreten für Benzol gegen die damalige Monopolstellung des Benzins gewendet und wende mich heute gegen die alleinige Monopolstellung des Benzols. Wir Motoristen — hierin fasse ich alle die zusammen, die sich den ursprünglichen Benzin-Explosionsmotor nutzbar machen — wollen überhaupt keine Monopolstellung irgendeines Betriebsstoffes. Wir haben Interesse daran, daß den vielseitigen Verwendungsmöglichkeiten des Benzinmotors Rechnung getragen wird und im Handel vielseitig geartete Benzine, Benzol und auch andere Betriebsstoffe erhältlich sind. Der reiche Mann wird nach dem Kriege ein teures Luxusbenzin, der Droschkenbesitzer Benzol, der Lastwagen Schwerbenzin, also das verbrauchen, was ihm am besten paßt und am billigsten ist. Je mehr wir gute und ausprobierte Brennstoffe haben, um so weniger haben wir das Hinauftreiben der Preise zu fürchten. Wir wollen weder eine Monopolstellung von Benzin noch eine solche von Benzol, wir wollen aber, daß nach dem Krieg dem inländischen Benzol weit größeres Interesse als bisher zugewendet wird und neben Benzin auch Benzol eine bedeutende Rolle als Motorbetriebsstoff spielt.

Es ist zu wünschen, daß unterwegs auf der Reise nicht nur Benzin-, sondern auch Benzolschilder die Quelle sichtbar machen, wo gute und geprüfte Betriebsstoffe zu haben sind. Ist erst einmal die Nachfrage da, dann wird auch Benzol neben Benzin überall zu haben sein. Die Deutsche Benzolvereinigung hat bereits seit langem Benzolstationen organisiert und ich zweifle nicht, daß nach dem Krieg Benzin und Benzol friedlich nebeneinander gehandelt werden können und sich gegenseitig ergänzen. Wer aber im Zweifel ist, was er bevorzugen soll, der möge sich vorhalten, daß Benzol ein inländisches Produkt ist, die Erdöle aber zum größten Teil dem Ausland entstammen; dann wird niemandem die Wahl schwer fallen.

Also nicht in einer Monopolstellung von Benzin, nicht in einer solchen von Benzol liegt das Heil der Zukunft, sondern — wie immer — in der goldenen Mittelstraße. Möge sich in Zukunft das Benzol der gleichen Beliebtheit bei den Motoristen erfreuen wie bisher das Benzin!

Darüber brauche ich kein Wort zu verlieren, daß bei unseren modernen Vergasern der Verwendung von gutem 90proz. Motorbenzol nichts im Wege steht, und daß man die im Winter vorhandenen Mißstände des leichteren Gefrierens und der schwereren Verdunstung leicht beseitigen kann; ebenso kann man sich an Stelle der früheren ausschließlichen Verwendung von Luxus-Leichtbenzinen die schweren Destillate nutzbar machen, wenn man Vorwärmung, Düse und Vergaser dem betreffenden Betriebsstoff richtig anpaßt.

Hierzu gehört in Zukunft, daß wir nur Betriebsstoffe von bekannter Zusammensetzung kaufen und verwenden und die Benzol- und Benzinfabriken dafür sorgen, daß ihre Fabrikate nur unter genauer Deklaration weiter gehandelt werden. Nicht eine Monopolstellung irgendeines Brennstoffes wollen wir erstreben, sondern die allen Interessenten schon lange als wünschenswert erschienene ‚Reinigung‘ des Handels mit Motorbetriebsstoffen.“

Ähnlich schreibt die Deutsche Benzolvereinigung G. m. b. H.[1]): „Der von einigen Seiten gemachte Vorwurf, daß die Benzolversorgung vor dem Kriege mangelhaft und unzuverlässig gewesen sei, ist als haltlos zu bezeichnen. In der Zeit vor Ausbruch des Krieges wurde für Kraftfahrzeuge fast überwiegend Benzin verwendet, das trotz der seit Jahr und Tag seitens der Deutschen Benzolvereinigung in der Theorie und Praxis durchgeführten Beweise für die Verwendungsfähigkeit von Benzol nur in sehr geringem Umfange durch Benzol ersetzt worden war, weil einerseits Vorurteile und anderseits Bequemlichkeit und in letzter Linie ungeeignete Ausgestaltung der Motoren dem Verbrauch und der Verwendung von Benzol hindernd im Wege standen.

Es war in Deutschland ein ganzes Netz von Benzolabgabestellen unter Berücksichtigung der kleinsten Ortschaften ausgebaut worden, so daß Benzol in Fässern von 250 kg, 100 kg oder in Kannen und Kanistern von 30 und 10 kg herab in den Städten und Dörfern — vorzugsweise in Garagen — erhältlich war. Auf diesen Abgabestellen hat Benzol zum Teil jahrelang gelegen, ohne daß sich Gelegenheit geboten hätte, es abzusetzen. Die Gleichgültigkeit der Automobilisten gegenüber der Verwendung von Benzol ging so weit, daß die kleinen Lagerhalter nicht mehr zu bewegen waren, noch Benzol zu führen. Der Vorwurf hinsichtlich ungenügender Benzolversorgung trifft also nicht die Benzolindustrie, sondern, wenn überhaupt ein Vorwurf gemacht werden kann, die Verbraucher, die, obgleich die Verwendungsmöglichkeit des Benzols erwiesen war, aus den vorerwähnten Gründen nicht zu bewegen waren, Benzol zu verwenden.

Nach dem Kriege würde sich aber das Bild sofort ändern, sobald ein entsprechender Verbrauch und damit eine entsprechende Nachfrage bei den Abgabestellen eintritt. Die durch die Kriegsverhältnisse geschaffene Zwangslage erbrachte in besserer Weise als alle Überzeugungsmittel den Beweis, daß sowohl für schnellfahrende Automobile als auch Lastkraftwagen das Benzol ein außerordentlich zweckmäßiges und vorteilhaftes Betriebsmittel

---

[1]) Petroleum 1916, Nr. 18.

darstellt, das dem Benzin im Jahresdurchschnitt vollständig ebenbürtig ist. Haben sich trotzdem beim Benzolbetrieb in den Wintermonaten jetzt gewisse Schwierigkeiten gezeigt, so sind diese darauf zurückzuführen, daß dem Benzol für wichtige Heereszwecke Bestandteile entzogen werden müssen, die ihm die Frostbeständigkeit geben. In Friedenszeiten wird dieser Übelstand leicht behoben werden können, da diese Bestandteile dann im Benzol bleiben und außerdem wieder genügend andere Frostschutzmittel zur Verfügung stehen, die jetzt nicht zu haben sind.

Die Umstände vor Kriegsbeginn sowie während des Kriegszustandes haben gelehrt, daß es sowohl von dem Gesichtspunkte der Landesverteidigung, als auch von dem der Volkswirtschaft aus im wohlverstandenen vaterländischen Interesse liegt, daß auch nach dem Kriege die Benzolherstellung im weitgehenden Umfange aufrechterhalten und gefördert wird. Sollten dadurch der Allgemeinheit einerseits gewisse Lasten auferlegt werden müssen, so werden sie durch die Vorteile, die dem Staats- und dem Gemeinwohle anderseits erwachsen, mehr als hinreichend wieder behoben, besonders, wenn berücksichtigt wird, daß es sich bei der Aufhebung der Zollvergünstigung für Benzin nur um Abschaffung von Ausnahmen handelt, die für den allgemeinen Verbrauch keine Bedeutung bilden sollen, aber für die Benzolindustrie eine wichtige Lebensfrage darstellen.“

Anschließend an das Benzol ist das Autin zu nennen, das als Motortreibmittel von der Gewerkschaft Deutscher Kaiser in den Handel gebracht wird. Dieses besteht aus einem geeigneten Gemisch von Benzol mit seinen höher siedenden Homologen und ist sowohl kältebeständig (Erstarrungspunkt — 15° C) als auch leicht zündend, wodurch ein direktes Anlassen des Motors ohne Zuhilfenahme von Benzin ermöglicht wird. Die chemischen und physikalischen Konstanten des Autins sind nach Schmitz folgende:

Spezifisches Gewicht	0,87 bei 15° C
Flammpunkt	unter Zimmertemperatur
Siedeanalyse	Anfang 78—80°
Es destillieren	bis 100° 65—70%, bis 160° 95%
Elementaranalyse	C 87,20, H 9,10, O+N+S 3,70%
Luftbedarf	10,1 cbm
Heizwert	9800—9900 WE/kg

Die Kohlenwasserstoffe, aus denen das Autin besteht, sind einer chemischen Reinigung mittels Lauge und Säure unterzogen worden, jenes enthält daher keine harzigen und teerigen Bestandteile mehr, die für den Motorenbetrieb so unangenehm sind.

Über diese Bestandteile machte Spilker interessante Mitteilungen, die für manche Mißerfolge bei dem Bestreben, möglichst billige Brennstoffe dem Motorenbetrieb zugänglich zu machen, Aufklärung bringen. Danach ist im Rohbenzol ein Körper vorhanden, der sich nach einiger Zeit polymerisiert und verharzt, das Zyklopentadien, der daraus nur auf chemischem Wege, durch Auswaschen mit Alkalien und Säuren, nicht aber durch Destillation entfernt werden kann. Er fand bei der Untersuchung von Rohbenzolen verschiedener Herkunft, daß das frisch destillierte Rohbenzol beim Verdunsten pro Kilogramm einen Rückstand von 0,2—2,2, im Mittel von 0,64 g hinterließ, der sich nach dreimonatigem Lagern des Benzols auf 0,4—5,4 g, im Mittel auf 1,86 g steigerte. Im Motor bewirken diese harzigen Bestandteile ein Verstopfen der Düsen und ein Verschmieren der Ventile und Zylinder, was zu unangenehmen Betriebsstörungen führt. Es müssen daher die mannigfachen Benzolersatzmittel, die außer Autin, das in dieser Beziehung ja einwandfrei ist, auf den Markt kommen (Ergin, Rapidin, Homogenol usw.), ehe man ihre Verwendung im Motor empfehlen kann, vor allem auf die Abwesenheit dieser harzigen Substanzen untersucht werden.

2. Das Naphthalin.[1])

Zu den Produkten, die bei der trockenen Destillation der Kohlen in größerer Menge entstehen, für die man aber bisher keine genügende Verwendung hatte, gehört auch das Naphthalin. In Hinsicht auf die Menge der entgasten Kohle beträgt die Bildung von Naphthalin etwa 0,3%, die Ausbeute aus dem Teer 4—5% Reinnaphthalin. Die Produktion daran betrug in Deutschland bis zum Jahre 1912 etwa 50 000 t jährlich im Werte von rund

---

[1]) Siehe u. a. namentlich auch den ausführlichen Artikel von Bruhn, Das Naphthalin und seine Verwendung insbesondere als Treibmittel für Explosions-Kraftmaschinen, Journ. f. Gasbeleuchtung u. Wasserversorgung **58**, 1915. 579ff.

5 Mill. M. und ist in den letzten Jahren auf annähernd 80 000 t gestiegen. Der Preis schwankte je nach dem Reinheitsgrad beim Rohnaphthalin von 30—75 M., bei Reinnaphthalin von 100—180 M.

Ein Teil dieses Naphthalins bleibt, seiner Dampfspannung entsprechend, in dem Leuchtgas und wird daraus durch Waschen mit geeigneten schweren Teerölen entfernt; das ausgebrauchte Waschöl wird dann gewöhnlich mit dem Teer zusammen verarbeitet. Die größte Menge des Naphthalins wird nämlich vom Teer aufgenommen und in den Teervorlagen, den Kühlern und den Teerscheideapparaten mit ausgeschieden. Es wird dann bei der Zerlegung des Teers in den Teerdestillationen durch Auskristallisieren aus der Naphthalinfraktion zwischen den Destillationspunkten 180 und 250° gewonnen.

Das Naphthalin kristallisiert in großen, farblosen, rhombischen Blättchen; seine chemischen und physikalischen Konstanten sind:

Spezifisches Gewicht	1,15
Schmelzpunkt	80° C
Siedepunkt	216,5—218,5°
Unterer Heizwert	9600 WE/kg
Elementaranalyse	93,75% C, 6,25% H
Luftbedarf	10 cbm/kg

Charakteristisch für das Naphthalin ist seine große Flüchtigkeit, weshalb es auch in fast allen Fraktionen des Steinkohlenteers enthalten ist. Seine Dampfspannungen bei verschiedenen Temperaturen sind aus folgender Tabelle ersichtlich:

Temperatur C.	Dampfspannung in mm Quecksilber	Entsprechend g in 100 cbm Luft
0	0,022	13,7
5	0,034	22,4
10	0,047	32,3
15	0,062	43,5
20	0,080	56,3
30	0,135	90,4
40	0,32	191,0
50	0,81	476
60	1,83	1104
70	3,95	2405
80	7,40	4342
90	12,6	6950
100	18,5	10 122

In Wasser ist das Naphthalin unlöslich, löslich dagegen in Alkohol, Äther, flüssigen Kohlenwasserstoffen usw. Die Löslichkeitsverhältnisse sind nach Eitner folgende:

100 g lösen g Naphthalin bei	10° C	0° C
Alkohol	5,00	4,25
Petroläther	11,05	7,75
Benzol	40,70	32,00
Toluol	35,30	24,80
Xylol	29,00	20,80

Bei Zusatz zu Benzol bewirkt das Naphthalin eine Gefrierpunktserniedrigung, was für die Herstellung von winterbeständigem Benzol für Kraftwagen in der kalten Jahreszeit von Bedeutung ist. Gibt man z. B. zu 100 g Benzol mit einem Erstarrungspunkt von 5° C etwa 30 g Naphthalin hinzu, so zeigt die Lösung bei — 3° noch keinerlei Ausscheidungen, ist vielmehr bei dieser Temperatur noch gut flüssig und vollständig klar. Ein nach Spilker durch Zusatz von Benzin hergestelltes Winterbenzol, das bei — 9° die ersten Ausscheidungen zeigte, blieb nach dem Zusatz von Naphthalin bis — 13° vollständig klar und flüssig.

In den Handel kommt das Naphthalin in allen möglichen Reinheitsgraden je nach den verschiedenen Verwendungszwecken. Ganz rein wird es nur von Sprengstoff- und Farbenfabriken und zu Desinfektionszwecken in verschiedener Form, als Pulver, Kristalle, Schuppen, Kerzen und Kugeln, verbraucht, während zu allen anderen Zwecken mehr oder weniger rohe Ware geeignet ist.

Das Naphthalin findet der Hauptsache nach Verwendung in Farbenfabriken zur Herstellung von künstlichem Indigo und Anilinfarben, zur Fabrikation der neuzeitlichen Spreng- und Treibmittel und als Lösungsmittel für Phosphor, Schwefel und Indigo. Auch als Zusatz zur Brikettierung von Feinkohle und zur Imprägnierung von Holz wird es verwendet, sowie zur Konservierung von Fellen und Pelzen, beim Ausstopfen von Tierhäuten, zum Vergerben von Häuten und im Haushalt zur Vertreibung von Ungeziefer aller Art, besonders Motten. In rohem Zustande ist es ferner ein wichtiges Ausgangsprodukt für die Rußfabrikation. Eine sich in den letzten Jahren stets steigernde Verwendung schließlich findet das Naphthalin als Betriebsmittel für Explosionsmotoren.

Bei sehr hohen Temperaturen entstanden, ist das Naphthalin

ein unter diesen Verhältnissen beständiges Produkt. Es gehört zu den in der Hitze beständigsten Körpern, ist aber infolgedessen auch weniger leicht zur Verbrennung zu bringen, ein Umstand, der beim Motorenbetrieb vorteilhafterweise erlaubt, höhere Kompression anzuwenden. Insbesondere aber ist es seine im Vergleich zu anderen flüssigen Brennstoffen unverhältnismäßig hohe Dampfspannung, die für die Verbrennung im Motor sehr günstig ist, da sich um die fein zerstäubten flüssigen Naphthalinteilchen Schleier von Dämpfen bilden, die die Zündung leicht übertragen. Die Bedingung für eine schnelle Entflammung der Gesamtladung liegt also sehr günstig, und es läßt sich daher trotz des sehr hohen Kohlenstoffgehaltes des Naphthalins leicht eine rußfreie Verbrennung erzielen, wenn nur die Luftzufuhr eine genügende und die Gemischbildung eine entsprechend gute ist.

Um als Treibmittel verwendet werden zu können, muß das Naphthalin vorerst auf seinen Schmelzpunkt von 80° erhitzt werden, was mit Hilfe der Auspuffwärme bewirkt wird. Zufolge seines niedrigen Preises würde es von allen flüssigen bzw. in flüssiger Form zu verwendenden Brennstoffen der weitaus wirtschaftlichste sein, weshalb sich auch bereits mehrere große Firmen mit der entsprechenden konstruktiven Durchbildung der Motoren hierfür befaßt haben. Die damit erzielten Resultate ergaben in der Tat, daß das Naphthalin — unter den im vorstehenden angedeuteten Bedingungen — ein geeignetes Treibmittel für Explosionsmotoren, speziell auch für den Automobilbetrieb ist. Für diesen Zweck wird das sog. Motorennaphthalin verwendet, das nur geringe Abweichungen von dem Reinnaphthalin aufweist und infolge des besonderen Reinigungsverfahrens nicht die ganz weiße Farbe hat, sondern teilweise mehr grau oder braun aussieht. Die Farbe ist aber hier für die Beurteilung des Naphthalins nicht maßgebend, da sie zum Teil von Zufälligkeiten abhängig ist, zum Teil sich auch beim Lagern an der Luft verändert.

In den ersten Jahren dieses Jahrhunderts sind in der Literatur und besonders in Patentschriften schon verschiedentlich einzelne Hinweise auf die Verwendung von Naphthalin für motorische Zwecke zu finden, doch ist es das Verdienst der Gasmotorenfabrik Deutz, die sich vom Anfang an im Bau von Kleinmotoren ausgezeichnet hatte, die erste brauchbare Form eines Naphthalinmotors auf den Markt gebracht zu haben. Die erste derartige Maschine wurde von ihr im November 1907 abgeliefert und seitdem hat sich der Naphthalinmotor schnell beliebt gemacht. Einige Jahre später griff auch die Firma Benz & Co., Mannheim den Bau von Naphthalinmotoren auf, und so waren in der Mitte des Jahres 1914 rund 1000 solcher Motoren in Betrieb (siehe Bruhn, l. cit.).

Der Naphthalinmotor ist meist eine ein-, höchstens eine zweizylindrige, einfach wirkende liegende Viertaktmaschine, hat also in den Hauptzügen die Gestalt der Otto-Maschine, aus der er hervorgegangen ist, beibehalten. Auf oder neben dem mit Kühlmantel umgebenen Zylinder ist der zur Beheizung doppelwandige Naphthalinschmelzbehälter angebracht, von dem ein ebenfalls heizbares Rohr zum Vergaser und zwar zuerst zu einem Schwimmerventil und von hier zu der in die Luftleitung zum Zylinder eingebauten Brause führt.

Die Beheizung des Naphthalinbehälters zwecks Schmelzung geschieht, wie erwähnt, stets mit der Abwärme des Motors und zwar kann man entweder die Ausströmwärme mit Temperaturen von 300—400° C ausnützen oder die Kühlwasserwärme mit Temperaturen bis höchstens 100°. Die ältesten Vorschläge, Naphthalinmotoren zu betreiben, bezogen sich auf die erste Methode. Sie rührten von dem Franzosen Lion her und wurden an Motoren von Bruneau ausgeführt. Diese Methode hat den Vorteil, daß wegen der hohen Temperatur der Abgase das Naphthalin schnell zu schmelzen beginnt, aber den Nachteil, daß ein Überheizen und damit schädliche Dampfentwicklung eintreten kann. Die andere Art der Schmelzung mittels des Kühlwassers wurde zuerst von der Gasmotorenfabrik Deutz ausgeführt. Sie bot Sicherheit gegen Überhitzung des Naphthalins und bildete die Grundlage für die Entwicklung der Naphthalinmotoren in Deutschland.

Ein Anfahren mit Naphthalin ist nicht ohne weiteres möglich, vielmehr muß die erste Wärme zum Schmelzen des Naphthalins und zum Anwärmen der ganzen Maschine auf besondere Art zugeführt werden. Um diese Schwierigkeit zu überwinden, haben sich die Motorenfabriken dazu entschließen müssen, den Naphthalinmotor so zu bauen, daß er in kaltem Zustande mit Gas oder einem flüssigen Brennstoff in Betrieb genommen, und daß der Betrieb nach einer gewissen Zeit bei warmer Maschine auf Naphthalin umgeschaltet werden kann. Man kann die Wärme natürlich auch durch eine von der Maschine unabhängige Wärmequelle erzeugen und den Motor dann mit Naphthalin direkt in Betrieb nehmen. Eine solche Anordnung ließ sich z. B. Schröder patentieren, doch ist sie bis dahin nur wenig bekannt geworden und hat wohl erst durch den Mangel an Benzol in der jetzigen Kriegszeit für die Umänderung bestehender Benzolmotoren auf Naphthalinbetrieb einige Bedeutung erlangt.

Zum Anlaufenlassen wird heute gewöhnlich Benzol verwendet. In der ersten Zeit wurden beide Brennstoffe, Benzol und Naphthalin, zu derselben Brause geführt. Neuerdings aber werden die Naphthalinmotoren aus praktischen Gründen mit getrennt angeordneten Brausen ausgerüstet. Bei letzterer Anordnung kann im Gegensatz zu der älteren Bauart das Abstellen des Motors jederzeit erfolgen, ohne daß noch erst ein letztes Umstellen auf Benzol nötig ist.

Die Zerstäubung des flüssigen Brennstoffes wird dadurch erzielt, daß die durch die Bewegung des Kolbens angesaugte Luft an der Brause heftig vorbeistreicht und dabei die aus den kleinen Öffnungen der Brause ausspritzende Flüssigkeit in feinverteiltem Zustande aufnimmt. Das so gebildete Brennstoffluftgemisch wird im Zylinder beim Rückwärtsgang des Kolbens zusammengepreßt und im geeigneten Augenblick durch Induktionsfunken entzündet.

Naphthalinmotoren werden im allgemeinen nur für Leistungen von 4—20 P. S. pro Stunde gebaut. Weil aber infolge des Krieges die Preise der flüssigen Brennstoffe dauernd steigen, das Motorennaphthalin aber nicht teurer geworden ist, werden bereits von namhaften Maschinenfabriken Versuche durchgeführt, das Naphthalin auch für größere Einheiten und sogar für Dieselmotoren zu verwenden.

Der Naphthalinmotor eignet sich nicht nur für alle Betriebe, in denen der Geruch des Naphthalins der verarbeiteten Ware nicht schaden kann, sondern auch für empfindlichere Betriebe, wenn man nur von vornherein den Motor so zur Aufstellung bringt, daß weder die vom gelagerten Naphthalin noch auch die mitunter mit den Abgasen entweichenden Naphthalindämpfe in die Räume eindringen können. Gerade hier sind an manchen Stellen Fehler gemacht und es ist ratsam, eine neue Anlage gleich so zu bauen, daß allen Eigenschaften von vornherein Rechnung getragen ist.

Hierbei sei auch gleich darauf hingewiesen, daß es sich lohnt, auch auf die Lagerung des Naphthalins einige Sorgfalt zu verwenden. Sehr oft werden die Säcke mit Naphthalin so, wie sie geliefert sind, auf schmutzigen Boden geworfen, bleiben zuweilen im Wege liegen, werden im Laufe der Zeit hierhin und dorthin gezerrt, Schmutz dringt ein, und aus den bald stellenweise zerrissenen Säcken liegt überall von dem Naphthalin zerstreut umher. Die Folge davon ist, abgesehen von dem Verlust an Naphthalin, daß in das Schmelzgefäß alle möglichen Verschmutzungen gelangen, die sich mit der Zeit ansammeln, so daß entweder kein Naphthalin mehr durch das verstopfte Sieb hindurchgelangt, oder daß Schmutzteile zu der Brause gelangen und hier die feinen Öffnungen verstopfen, was zu Betriebsstörungen oder üblem Geruch der Abgase führt.

Fast alle bisher erhobenen Beanstandungen sind auf diese Fehler, die mit solchen Verschmutzungen zusammenhängen, zurückzuführen gewesen, nämlich auf Unterlassung einer regelmäßigen gründlichen Reinigung des Schmelzgefäßes und auf die unsachgemäße Art der Reinigung der Zerstäuber. Ersteres hat die D. T. V. veranlaßt, nach einem Mittel zu suchen, um Verunreinigungen von vornherein vom Naphthalin fernzuhalten, und ist so dazu gekommen, das Motorennaphthalin in Form gut gepreßter handlicher Briketts auf den Markt zu bringen.

Die gute Wirtschaftlichkeit der Naphthalinmotoren, die bequeme und dabei so wenig feuergefährliche Lagerung des Naphthalins und der einfache Transport sollten schon längst dazu geführt haben, das Naphthalin auch zum Treiben von Kraftfahrzeugen zu benützen. In der Zeitschr. des Ver. D. Ing. Nr. 6 vom 8. Februar 1913 ist berichtet über „Neuere Versuche über Betriebe von Verbrennungsmaschinen mit Naphthalin", die im Dezember 1911 im Laboratorium des französischen Automobilklubs mit einem Bruneauvergaser vorgenommen wurden. Weitergehende Versuche wurden aber erst in den letzten Jahren von einigen größeren Werken, z. B. de Dion und Imprimerie Nationale, vorgenommen, und das Laboratorium des Arts et Métiers ist vom französischen Staate sogar offiziell mit solchen Versuchen beauftragt. In Lyon wird bereits seit Jahresfrist zum Treiben eines mit einem 40 P. S.-Motor ausgerüsteten Lastwagens Naphthalin verwendet. Es liegt ein Bericht vom Juli 1914 vor, dem zufolge dieser Motor schon 2 Monate ununterbrochen und ohne Störung mit Naphthalin betrieben wurde, ohne daß er bis dahin auseinandergenommen zu werden brauchte. Wie in der Zeitschr. des Ver. D. Ing. vom 3. Januar 1914 berichtet wird, laufen in Frankreich auch Renault-Droschken mit Naphthalin. Sie sind mit Naphthalinvergasern, Bauart Noel, ausgerüstet und gestatten einen Stillstand von 14 Minuten ohne Gefahr des Einfrierens. Wenn hierbei auch die Benützung eines Hilfsbrennstoffes, wie z. B. Benzol, unerläßlich ist, so sieht man doch, daß dadurch der Naphthalinbetrieb noch nicht so umständlich wird, daß er nicht ohne zu große Schwierigkeiten durchzuführen wäre. Wenn es für Frankreich auch näher lag, sich um die Verwendung des festen Brennstoffes Naphthalin zu bemühen, weil die flüssigen Brennstoffe dort durch Zoll und Oktroi sehr verteuert wurden, so dürften die deutschen Motorfahrzeugbauer wohl auch bald Mittel und Wege finden, um auf einfache Weise den Betrieb der Kraftwagen mit Motorennaphthalin zu bewerkstelligen. In erster Linie kommen hierfür die großen Lastwagen in Frage und die schweren Personenomnibusse, die größere Strecken zu durchfahren haben und auch dann nur kürzere Zeit halten. Von anderen Fahrzeugen sind aber ohne besondere Schwierigkeiten Gruben- und Kleinbahnlokomotiven und ähnliche Fahrzeuge dafür einzurichten. In den Werkstätten von Schneider & Co., Le Havre, wurde im Jahre 1913 für den Verkehr der eigenen Werke in Creusot eine B-Lokomotive für Naphthalinbetrieb gebaut, die sich gut bewährt und sich als sehr billige Kraft erwiesen haben soll.

Der Betrieb für Fahrzeugmotoren mit Naphthalin allein, natürlich unter Zuhilfenahme eines zweiten Brennstoffes in flüssiger Form zum Anlassen, erfordert naturgemäß besondere Einrichtungen, die nicht so ganz einfach und nur auf Grund sorgfältiger Studien und eingehender Versuche zu treffen sind. Bedeutend einfacher wird es, wenn man das feste Naphthalin auf leichte Art flüssig machen und flüssig halten kann. Dies hat aber einige Schwierigkeiten, weil die Verflüssigung des Naphthalins abgesehen vom Schmelzen nur durch Auflösen in einem brennbaren Lösungsmittel zu ermöglichen ist. Dieses Verflüssigen des Naphthalins durch Auflösen ist natürlich begrenzt durch das Lösungsvermögen der betreffenden Flüssigkeit, und da dies beim Benzol bei weitem das größte ist, so wird dafür größtenteils nur dieser Brennstoff verwendet. Von besonderer Bedeutung dabei ist es, wenn von dem Lösungsmittel nur möglichst geringe Mengen erforderlich sind. Es ist aber dabei zu bedenken, daß gesättigte Lösungen schon bei geringer Abkühlung von dem gelösten Material wieder in fester Form ausscheiden. Das gleiche ist der Fall, wenn von dem Lösungsmittel ein Teil verdampft und so der Sättigungspunkt überschritten wird, wobei die Verdunstungskälte das Ausscheiden des gelösten Körpers noch beschleunigt. Bei einer gesättigten Benzol-Naphthalinlösung treten also bei teilweiser Verdampfung des Benzols oder bei Abkühlung dieselben Schwierigkeiten auf wie beim geschmolzenen Naphthalin. Um vor solchen Ausscheidungen sicher zu sein, muß man deswegen mit der Mischung weit unter dem Sättigungspunkt bleiben. Ein Patent der Rütgerswerke, A.-G., Berlin, sucht diese Schwierigkeit zu umgehen, indem es die Herstellung der Lösung direkt in die Maschine selbst verlegt und die Möglichkeit bietet, die Menge des gelösten Naphthalins jederzeit ändern oder ganz aufheben zu können. Dies soll durch ein mit Naphthalin gefülltes Tauchgefäß erreicht werden, das nach Bedarf in den flüssigen, zugleich als Lösungsmittel dienenden Brennstoff getaucht werden kann. Vor dem Abstellen des Motors wird das Naphthalin wieder aus dem Benzol herausgenommen, die Lösung verbraucht und zuletzt eine Zeitlang mit reinem Benzol gefahren, so daß ein Verstopfen der Rohrleitungen durch Naphthalin nicht mehr auftreten kann.

Wesentlich einfacher sucht man sich jetzt in der Kriegszeit zu helfen. Das Benzol ist knapp und teuer geworden. Da liegt nichts näher, als daß man es mit dem als Triebstoff gleichwertigem Naphthalin streckt, soweit es die Verbrennung im Motor ohne große Umänderung desselben zuläßt. In einem 13/35 P. S.-Wagen wurden Versuche mit solchen Mischungen vorgenommen, die ergaben, daß 10 T. des Benzols ohne besondere Schwierigkeiten durch Naphthalin ersetzt werden können. Wie weit mit dem Zusatz von Naphthalin gegangen werden kann, müssen weitere Versuche ergeben. Zunächst zeigte sich allerdings, daß Vergaser älteren Systems eine solche Mischung nicht zu verarbeiten vermochten, und daß sich bei Motoren mit engen Ansaugerohren in diesen Naphthalinausscheidungen absetzten, doch konnten diese Schwierigkeiten durch etwas weitere Ansaugerohre und durch Vorwärmung der angesaugten Luft beseitigt werden. Die ersten Versuche lehrten auch, daß hierbei kleinere Düsen als beim Benzol eingesetzt werden mußten, doch bedeutet das nur eine Brennstoffersparnis, was zugleich von einer besseren Verbrennung und vollkommeneren Ausnützung des Treibmittels zeugt. Auch noch ein anderer kleiner Vorteil ist damit verbunden. An den undichten Stellen der Brennstoffleitung zeigte sich ein weißer Belag von Naphthalin, was zur Folge hatte, daß diese Undichtigkeiten sofort beseitigt wurden, während früher sicherlich schon längere Zeit reines Benzin ausgetreten und verdampft war, ohne daß es bemerkt wurde.

Bruhn schließt seinen Aufsatz mit den Worten: „Die vorstehenden Ausführungen zeigen, daß die Verwendung des Naphthalins zwar schon recht vielseitig ist, daß dieses Teerprodukt aber im großen und ganzen noch weit mehr ausgenützt werden kann und sich besonders vorteilhaft als Treibmittel für Kleinmotoren eignet. Die Versuche, in der Kriegszeit das Benzol mit Reinnaphthalin zu strecken, bilden wohl einen Übergang zur weiteren, vielleicht auch alleinigen Verwendung von Naphthalin zum Antrieb der Kraftfahrzeuge, und wenn auch schon die Beimischung von Naphthalin zum Motorenbenzol anfangs bei den Abnehmern auf Widerstand stößt, so lohnt es sich doch, diese Versuche fortzusetzen und zu erweitern. Es muß daher Aufgabe besonders der Fahrzeugmotorenfabriken sein, die glatte Verwendung des Naphthalins mit oder sogar vielleicht ohne Hilfsmittel für die verschiedensten Fahrzeuge zu erzielen.“

Im übrigen wurden auch bereits mehrfach Versuche gemacht, das Naphthalin in flüssige Kohlenwasserstoffe umzuwandeln (siehe Seite 52).

3. Destillation der Steinkohlen bei niedrigen Temperaturen.[1])

Bei der trockenen Destillation der Steinkohlen bezweckt man, je nachdem sie in den Gasanstalten oder in den Kokereien vorgenommen wird, die Herstellung entweder von möglichst viel

[1]) Siehe Thau, Glückauf 1914, S. 834; Braunkohle XI, S. 607.

und möglichst leucht- bzw. heizkräftigem Gas oder aber von möglichst viel dichtem, festen Koks als Hauptprodukte. Der Teer bildet in beiden Fällen nur ein Nebenprodukt, weshalb man seiner Beschaffenheit früher nur geringere Aufmerksamkeit schenkte. Nun hat bereits Murdoch, der Begründer der Gasindustrie, festgestellt, daß sich eine befriedigende Gasausbeute nur bei entsprechend hoher Destillationstemperatur erzielen läßt, während sie bei niedrigeren Temperaturen entsprechend abnimmt und man dafür mehr Teer erhält, und zwar solchen von geringerem spez. Gewicht und damit natürlich auch von niedrigerem Siedepunkt. Die Ursache hierfür liegt darin, daß in letzterem Falle vorwiegend Kohlenwasserstoffe der Methan- und Äthylenreihe (Fettkohlenwasserstoffe) entstehen, bei den hohen Temperaturen jedoch, wie sie in den beiden genannten Betrieben eingehalten werden, hauptsächlich solche der aromatischen Reihe, deren Heizwert ein geringerer ist. Als nun durch die Einführung der Verbrennungskraftmaschinen und insbesondere durch die so außerordentlich rasche Entwicklung der Kraftwagenindustrie das Bestreben gezeitigt wurde, bezüglich der hierzu geeigneten Treibmittel sich vom Auslande möglichst unabhängig zu machen, wandte sich die Aufmerksamkeit der Frage der Herstellung leicht siedender Teere zu. In England angestellte Versuche, die Steinkohlen bei niedrigerer Temperatur zu destillieren, um dann aus dem Teer ähnliche Öle zu gewinnen können, wie aus dem der Braunkohlenschwelereien, führten zu mehreren, im Großbetrieb brauchbaren Verfahren.

Das älteste davon ist das Coalite-Verfahren, bei dem die Destillation in stehenden Retorten mit stark abgeflachtem Querschnitt erfolgt, von denen gewöhnlich je 40 zu einer Batterie vereinigt sind, und die durch die Destillationsgase beheizt werden. Das erhaltene Gas ist reicher als das gewöhnliche Gas der Gasanstalten, und man gewinnt daraus Benzol und Ammoniak; die Ausbeute an letzterem ist etwas geringer als beim Kokereibetriebe. Der Teer hat ein geringeres spez. Gewicht als Kokerei- oder Gasteer, enthält viel mehr leichter siedende Bestandteile als solcher und nur Spuren von freiem Kohlenstoff. Der Retortenrückstand, „Coalite“ genannt, wird in Generatoren vergast und das Generatorgas zusammen mit dem überschüssigen Destillationsgas zum Antrieb von Kraftmaschinen verwendet.

Das Coalite ist zufolge seines ungleichmäßigen Gehaltes an flüchtigen Bestandteilen sehr zerreiblich und zerfällt daher sehr leicht. Diesen Übelstand sucht das Verfahren der Premier Tarless Fuels Ltd. dadurch zu vermeiden, daß hier die Kohlen in besonders hierfür konstruierten Retorten in dünnen Schichten von 65—75 mm destilliert werden, und zwar, um eine Zersetzung der entstehenden Dämpfe und Gase durch rasches Abziehen derselben zu verhindern, bei einer Luftleere von 660 mm Quecksilbersäule. Das entstehende Gas wird gewaschen und auf 5 Atm. komprimiert, wobei sich ein aus Paraffinkohlenwasserstoffen bestehendes Öl ausscheidet, das als Ersatz für Motorenbenzin verwendet wird. An Teer erhält man pro Tonne Kohle 91—114 l mit einem spez. Gewicht von 1,06; er enthält kein Benzol, Naphthalin oder Anthrazen, sondern ausschließlich Kohlenwasserstoffe der Methan- und Äthylenreihe. Der Retortenrückstand enthält die flüchtigen Bestandteile (3—4%) gleichmäßig durch seine ganze Masse verteilt, ist stückig und weniger leicht zerreiblich als Coalite.

Bei dem Del Monte-Verfahren erfolgt die Zufuhr der Kohle zur Retorte ununterbrochen, ebenso auch der Abzug des Koks, und ein Teil des erhaltenen gewaschenen Gases wird durch einen Kompressor in überhitztem Zustande wieder in die Retorte zurückgeleitet, wo es seine Wärme an die Kohlen abgibt und zugleich die entstehenden Gase und Dämpfe mit sich führt, wodurch eine Zersetzung dieser an der heißen Retortenwand vermieden wird. Aus dem gewonnenen leicht siedenden Teer soll man bis zu 31,5 l Motorenöl pro Tonne Kohle erhalten. Der Retortenrückstand wird für den Hausbrand oder zur Erzeugung von Generatorgas verwendet.

Hierzu bemerkt Rosenthal[1]): „Die Erfinder der drei vorstehend skizzierten Verfahren der Destillation von Steinkohlen bei niedriger Temperatur glauben die Benzinfrage, die in England schon vor dem Weltkriege auf der Tagesordnung stand, gelöst zu haben. Diese Auffassung mag zunächst noch etwas optimistisch sein; immerhin verdienen die Verfahren auch bei uns die ernsteste Beachtung, wenn sich auch nicht verkennen läßt, daß sie bei weitem noch nicht so ausgearbeitet sind, daß in allen Fällen

[1]) Siehe De Grahl, Wirtschaftliche Verwertung der Brennstoffe usw., bei Oldenburg, 1915, S. 554.

sichere Ergebnisse zu erwarten sind. Insbesondere wird die wirtschaftliche Verwertung des Retortenrückstandes noch manche Schwierigkeiten bieten."

In der Verwendung der Steinkohle gehen wir wahrscheinlich ganz neuen Wegen entgegen. Dies ergibt sich namentlich aus den bedeutsamen Arbeiten, die aus dem Kaiser Wilhelm-Institut für Kohlenforschung in Mühlheim a. R. unter der Direktion von Prof. Dr. Fr. Fischer trotz der kurzem Zeit seines Bestandes hervorgegangen sind. Ein näheres Eingehen auf dieselben müssen wir uns hier aus naheliegenden Gründen versagen.

VI. Der Spiritus.

Eine intensivere Ausnützung der Sonnenenergie, als sie durch die bisherigen Sonnenkraftmaschinen usw. möglich ist, läßt sich derzeit nur durch Vermittlung der Pflanzen denken, die ja auch schon in längst vergangenen Erdepochen der Akkumulator für jene waren.

Pflanzen können auf dem weitaus größten Teil der Erdoberfläche gebaut werden. Ihr Hauptbestandteil, die Zellulose, ist jedoch zur unmittelbaren Erzeugung von technischer Energie nicht geeignet, da sie zufolge ihrer Zusammensetzung keinen großen kalorischen Wert besitzt. Denn erstens ist der Wasserstoff in ihr gewissermaßen schon innerlich durch den Sauerstoff verbrannt, und dann absorbiert das bei ihrer Verbrennung sich reichlich bildende Wasser einen beträchtlichen Teil der entwickelten Wärme.

Auch ein zweiter Stoff, der in vielen Pflanzen in großer Menge angehäuft ist, die Stärke, eignet sirh durch ihre Zusammensetzung ebenfalls nicht ohne weiteres zur Erzeugung kalorischer Energie. Man kann jedoch daraus in verhältnismäßig leichter Weise Alkohol darstellen, der in verschiedenen Verdünnungsverhältnissen mit Wasser als Spiritus, namentlich auch wegen seines höheren Kalorienwertes, bereits seit längerem der nahezu wichtigste Artikel der landwirtschaftlichen Industrien ist.

Auf die Art und Weise der üblichen Gewinnung des Spiritus kann hier nicht näher eingegangen werden; es sei nur erwähnt, daß sowohl Stärke als auch Zellulose zunächst in gärungsfähigen Zucker umgewandelt werden müssen. Dies geschieht entweder durch Behandlung mit gewissen verdünnten Mineralsäuren, wobei sich als Endprodukt des Prozesses Traubenzucker bildet, oder bei der Stärke auch durch Behandlung mit gewissen ungeformten Fermenten, „Enzymen", z. B. der Diastase, die sich beim Keimen der Getreidearten bildet und demnach im Malz enthalten ist. Letzteres stellt ja gekeimte Getreidekörner dar, bei denen der Keimungsprozeß in einer gewissen Phase unterbrochen wurde.

Gegen die Förderung der Entwicklung der Spiritusindustrie, namentlich gegen seine Verwendung in größeren Mengen als Treibmittel für die Kraftfahrzeuge, könnten aus volkswirtschaftlichen Gründen, vom Standpunkte der Volksernährung aus, Einwendungen erhoben werden. Der Spiritus wird jetzt nämlich vorwiegend aus stärkemehlhaltigen oder zuckerhaltigen Rohstoffen erzeugt, die entweder unmittelbar als Nahrungsmittel dienen, oder aus denen Nahrungs- bzw. Genußmittel erzeugt werden. Die Materialien zur Spiritusserreugung sind in den verschiedenen Ländern nicht die gleichen. Überwiegend sind es die stärkemehlhaltigen Rohstoffe, in erster Linie Kartoffeln, dann aber auch Mais und die verschiedenen Getreidearten In Österreich werden in normalen Zeiten verhältnismäßig größere Mengen Getreidearten zur Spiritusfabrikation verwendet, in der Regel aber nur dann (abgesehen vom Malz, das man für den Maischprozeß benötigt), wenn dabei gleichzeitig Preßhefe erzeugt wird. Von zuckerhaltigen Materialien sind zu nennen die Zuckerrübe selbst, insbesondere aber die Melasse, die sowohl bei der Rohzuckerfabrikation als auch bei der Konsumzuckererzeugung abfällt. Den Zucker kann man heute wohl als ein sehr wichtiges Nahrungsmittel bezeichnen. Die Melasse, die stets noch 45 bis 50 proz. Zucker enthält, wird namentlich in Form von Melassetrockenfuttermitteln — als Futter für unsere Haustiere verwendet.[1]) Die anderen zuckerhaltigen Materialien, wie Zwetschen, Wacholderbeeren usw. dienen zwar zur Herstellung von Branntwein, aber nicht zur Darstellung von Spiritus selbst; zwischen Spiritusfabrikation und Branntweinbrennerei aber ist ein scharfer Unterschied zu machen. Erstere strebt die Darstellung eines möglichst äthylalkoholreichen Gemisches mit Wasser an, aus dem aller-

[1]) Auf die in neuester Zeit eingeführte Verwendung der Melasse zur Erzeugung von Mineralhefe sei hier nur hingewiesen.

dings auch Trinkbranntweine bzw. Liköre usw. erzeugt werden, das aber insbesondere für verschiedene technische Zwecke verwendet wird. Die Produkte der Branntweinbrennerei sind nicht so alkoholreich, enthalten aber je nach dem Ausgangsmaterial spezifische aromatische und angenehm schmeckende Bestandteile.

In Friedenszeiten wird man gegen die Verwendung von Kartoffeln bzw. Mais zur Erzeugung von Spiritus für motorische Zwecke wohl keine Einwendungen machen können, da sich dadurch keinerlei Schwierigkeiten für die Volksernährung ergeben würden. Und anderseits muß man ja auch berücksichtigen, daß eine vermehrte Spiritusproduktion im Interesse der Landwirtschaft liegt, denn die Spiritusbrennerei ist aus vielen Gründen, auf die hier nicht näher eingegangen werden kann, als das wichtigste landwirtschaftliche Gewerbe zu bezeichnen, und viele landwirtschaftliche Betriebe verdanken ihre Rentabilität zum Teil der damit verknüpften Spirituserzeugung aus den selbsterzeugten Rohstoffen. Der rein fiskalische Standpunkt müßte deshalb in diesem Falle zurücktreten und die Verwendung des Spiritus für motorische Zwecke möglichst wenig durch Abgaben behindert werden. Auch die Denaturierungsmittel für motorischen Spiritus müßten andere sein, namentlich müßte das Pyridin in diesem Falle weggelassen werden. Eine Lösung von Naphthalin in Benzol, wodurch auch der kalorische Wert des Spiritus erhöht würde, dürfte sich als Denaturierungsmittel vielleicht am besten eignen.

Im übrigen werden uns für die Spiritusgewinnung in Zukunft auch noch andere Wege erschlossen werden. Schon lange beschäftigen sich verschiedene Forscher, wie z. B. Simonsen, Classen, Roth-Genzen usw., mit dem Problem der Darstellung von Spiritus aus Zellulose in verschiedenen Formen, aus Sägespänen, jungen Torfen usw., durch deren Verzuckerung mit Säuren zu Traubenzucker[1]). Heute ist dieses Problem seiner Lösung schon viel näher gerückt, und wenn man nun später gewissermaßen aus allen Pflanzen, die ja der Hauptsache nach aus Zellulose bestehen, Spiritus erzeugen kann, dann wird dieser trotz seines geringen kalorischen Wertes noch eine weit ausgedehntere Anwendung finden.

---

[1]) Hägglund, Die Hydrolyse der Zellulose und des Holzes.

In erster Linie kommen hier die Ablaugen der Sulfitzellstoffabrikation in Betracht[1]). Bei der Behandlung des Holzes mit Sulfitlauge, einer Lösung von saurem schwefligsaurem Kalk, gehen nämlich die sog. inkrustierenden Substanzen (Inkrusten) in Lösung, und es bleibt nahezu reine Zellulose zurück. Ein Teil der Zellulose jedoch wird durch die Säure bei hohem Druck verzuckert, und der gebildete Traubenzucker (und andere zuckerartige Stoffe) finden sich dann in den Kocherlaugen, die früher trotz vielfacher Vorschläge zu ihrer Verwertung doch nur ein sehr unwillkommenes Abfallprodukt der Zellulosefabriken bildeten.

Bezüglich der Bestrebungen, diese Laugen auf Spiritus zu verarbeiten, ist man namentlich in Schweden, diesem bekanntlich sehr holzreichen Land, schon längere Zeit über das Versuchsstadium hinaus. Bereits nach früheren Erfahrungen erhielt man aus 1000 Gall. (3785 l) Lauge 6 Gall. (22,7 l) 100 proz. Alkohol, oder bei Erzeugung von 1 t (907,2 kg) Zellulose ungefähr 14 Gall. (53 l) Alkohol, der als Brennspiritus und für technische Zwecke Verwendung findet. Würde das Verfahren auf alle schwedischen Sulfitwerke ausgedehnt, so ließen sich im Jahre ungefähr $3^1/_2$ Mill. Gallonen ($12\ ^1/_4$ Mill. l) Alkohol erzeugen, jedoch würde für eine so große Menge in Schweden derzeit wohl kaum Absatz zu finden sein.

Da demnach die Spirituserzeugung aus diesen Sulfitlaugen am weitesten vorgeschritten ist, müssen wir ihr eine etwas eingehendere Erörterung widmen.

Über ihre gegenwärtige Lage in Schweden ist einem Vortrage von Eckström[2]) folgendes zu entnehmen: Die drei in Schweden in Betrieb befindlichen Fabriken stellen zur Zeit im Jahre $2^1/_4$ Mill. l reinen Alkohol dar. Indessen würden diese Fabriken schon jetzt mehr als 32 Mill. l reinen Alkohol erzeugen können, und die Erzeugung würde in wenigen Jahren noch beträchtlich steigen, wenn nicht die schwedische Gesetzgebung die Ausdehnung der Sulfitspiritusfabrikation erschwerte. Es dürfen nämlich nach dem schwedischen Branntweinsteuergesetz die Brennereien, die zu versteuernden Branntwein erzeugen, nur 7 Monate im Jahr, vom 1. Oktober bis zum 1. Mai, im Betriebe

---

[1]) Derselbe, Die Sulfitablauge und ihre Verarbeitung auf Alkohol.

[2]) Chem. Industrie, XXXVIII, Nr. 21/22, S. 490.

sein, und die erzeugte Menge darf für jede Fabrik nicht mehr als 300 000 l reinen Alkohol betragen. Nur wenn die ganze Produktion vergällt wird, ist weder die Betriebsdauer noch die Höhe der Erzeugung der Brennereien beschränkt. Durch gewisse Machinationen gelang es der Reimersholm-Spiritusveredlungsgesellschaft, die gesamte Menge des schwedischen Sulfitspiritus durch ein erzwungenes Abkommen zum Preise von 0,28 M. pro 1 l reinen Alkohol aufzukaufen, so daß die anderen Sulfitzellstofffabriken es nicht gewagt haben, die Sulfitspiritusfabrikation aufzunehmen, solange sie keinen Trinkbranntwein erzeugen dürfen. Der Preis für vergällten Spiritus nun wird von der genannten Gesellschaft so hoch gehalten, daß seine Verwendung zur Beleuchtung, sowie zum Betriebe von Motoren für viele chemisch-technische Zwecke unmöglich ist. Wenn sich die Sulfitspiritusfabrikation frei entwickeln könnte, so würde sie den Spiritus so billig in solchen Mengen herstellen können, daß die 15 Mill. l betragende Einfuhr an Benzin und zum Teil auch die im Jahre 1910 126 Mill. l betragende Einfuhr von Petroleum sich erübrigen wird. Da 1 l Petroleum im Kleinhandel 20 Pf. und 1 l Benzin 25—26 Pf. kostet, so ist es eine Frage von der größten wirtschaftlichen Bedeutung, diese Stoffe durch im Inland hergestellten Spiritus ersetzen zu können, wozu nur seine Verbilligung nötig ist. Diese wäre mit Leichtigkeit zu erreichen, wenn auf gesetzlichem Wege durch Abänderung des jetzigen schwedischen Branntweingesetzes den Sulfitspiritusfabriken das Recht eingeräumt würde, einen Teil ihrer Produktion als Trinkbranntwein abzusetzen[1]).

Frank bespricht in einem Aufsatze „Volksernährung und Landwirtschaft in der Kriegszeit“[2]) u. a. auch die Bedeutung der Spiritusgewinnung aus Sulfitablaugen für Deutschland, indem er sagt: „Als eine jetzt besonders wichtige Aufgabe wissenschaftlicher und technischer Forschung möchte ich hier noch bezeichnen: Die Nutzbarmachung der bei der Herstellung der Sulfitzellulose mit den Kochlaugen bisher in der enormen Masse von 6 Mill. dz den Flüssen oft zur großen Belästigung der Anlieger zugeführten organischen zuckerhaltigen, aus der Interzellularsubstanz des Holzes gebildeten Stoffe. Ob-

---

[1]) Siehe auch Zeitschr. f. Spir.-Ind. 1914, Nr. 26, S. 350.
[2]) Chem.-Ztg. 1914, S. 1262.

gleich die von Stutzer, Königsberg, Lehmann und mir schon seit Jahren angestellten diesbezüglichen Versuche bisher noch zu keinem praktischen Resultate geführt haben, so lassen die neueren Forschungen von König, Münster ein solches doch jetzt erhoffen und sind deshalb besonderer Beachtung wert."

Auch Kaufmann weist auf die für Deutschland in der heutigen Kriegszeit ungeheure Wichtigkeit dieser Spiritusgewinnung hin. Viele Millionen Zentner von dem so wichtigen Nahrungsmittel, der Kartoffel, blieben dem Volke erhalten, wenn die Sulfitspiritusfabrikation in Deutschland schon Aufnahme gefunden hätte. Nach des Verfassers Berechnung wäre es möglich, in Deutschland jährlich etwa 33 Mill. l Sulfitspiritus in 100proz. Form zu erhalten. Diese so ausgiebige Spiritusquelle ließe sich lohnend ausnützen, wenn die Regierung auf die Steuer für den Spiritus, der für Motoren und Automobile verwendet wird, verzichtete oder sie wenigstens bedeutend herabsetzte. Mit dem Spiritus könnte man so viel Benzin ersetzen, daß sich Deutschland in dieser Hinsicht vom Auslande völlig frei machen könnte. Es würden bisher jährlich durchschnittlich 30 Mill. l Spiritus für Autos und Motoren in Frage kommen, wenn dem Spiritus am besten 26% Benzol zugemischt würden.

In technisch-wirtschaftlichem Sinne dürfte das Problem der Spiritusgewinnung aus Sulfitablaugen als gelöst betrachtet werden können, und speziell Kiby zeigt in einer Reihe von Abhandlungen (Chem. Ztg. 1915), auf welcher Grundlage eine dauernd befriedigende, in jeder Hinsicht sparsame Verwertung der Ablaugen auf Spiritus erreicht werden kann.

Was die diesbezüglichen Verhältnisse in der österreichisch-ungarischen Monarchie anbelangt, so wurden nach den Produktionsergebnissen des Jahres 1913 an Zellulose erzeugt: in Österreich 2 081 789 dz, in Ungarn 345 352 und in Bosnien 139 853 dz. Legt man die oben angeführte Zahl von 53 l Alkohol pro 1 t Zellulose zugrunde, so entsprechen diese Mengen in Österreich 11 033 434 l, in Ungarn 5 010 355 l und in Bosnien 737 205 l Alkohol. Dies wären gewiß ganz beträchtliche Mengen; es wird jedoch bisher ein irgendwie erheblicher Prozentsatz dieses Quantums tatsächlich noch nicht erzeugt. Nach verschiedenen Mitteilungen sollen in einer steiermärkischen Zellulosefabrik Versuche mit der Gewinnung von Spiritus aus den Sulfitlaugen gemacht worden sein, doch wurden die Resultate derselben bisher nicht näher bekannt.

Einem Vortrage von Sieber[1]) ist diesbezüglich folgendes zu entnehmen: In Österreich-Ungarn werden jährlich etwa 300 000 t, in Deutschland etwa 600 000 t Sulfitzellulose erzeugt. Auf jede Tonne Zellstoff entfallen etwa 10 cbm Ablauge, wovon allerdings fast die Hälfte von der gekochten schwammigen Zellulose zurückgehalten wird. Die Ausbeute an Alkohol aus diesen Ablaugen beläuft sich in mittleren Fällen auf 1 Vol.-Proz.; die höchste bis jetzt erreichte Ausbeute beträgt etwa 1,5 Vol.-Proz. Der Sulfitsprit stellt eine wasserhelle, klare Flüssigkeit dar, die schwach nach Fuselöl und Aldehyd riecht. Die Menge der Fuselöle in ihm beträgt rund $^1/_4$%, sie ist daher wesentlich kleiner als im Rohsprit aus Bodenfrüchten. Andererseits enthält der Sulfitsprit erhebliche Mengen Methylalkohol, die in jenen Rohspriten nicht vorkommen. Der Gehalt daran beträgt im Mittel 3%; hierdurch ist der Sulfitsprit schon von seiner Darstellung her vergällt und für jeden Genußzweck unbrauchbar.

Die Anlagekosten einer Sulfitspritfabrik hängen wesentlich von der Größe ihrer Erzeugung ab, eine derartige Erweiterung der Anlage kommt daher nur für größere Betriebe der Sulfitzellstoffindustrie in Betracht. Die untere Grenze der Wirtschaftlichkeit liegt beim gegenwärtigen Entwicklungsstandpunkt bei einer Produktion von etwa 1000 Wagen Zellulose im Jahr, der eine gewinnbare Spritmenge von rund 400 000 l entsprechen würde. Das Anlagekapital für eine derartige Fabrik beläuft sich auf rund 250 000 K.

Unter Zugrundelegung dieser Zahl und unter Benützung von Daten, die die Praxis ergeben hat, stellt sich der Erzeugungspreis für 1 l Sprit auf etwa 17 h., wobei eine günstige Ausbeute von 10 l 100%igem Sprit aus 1 cbm Maische angenommen ist. Bei einer Fabrik von der dreifachen Produktion sinken die Selbstkosten auf etwa 13 h. pro l.

In Österreich-Ungarn sind es jährlich etwa 11 Mill. l, in Deutschland etwa 22 Mill. l 100%iger Spiritus, die auf diese Weise gewonnen werden könnten, wenn nicht die Steuergesetzgebung

[1]) Ö. t. Chem.-Ztg. 1917, 98.

hindernd im Wege stünde. Derzeit haben in Deutschland einige Regierungen ganz im Gegensatz zu ihrem früheren ablehnenden Standpunkt einer Reihe von Zellstoffwerken die Genehmigung zum Bau von Spritfabriken erteilt, und bereits jetzt gelangen in Deutschland größere Mengen von Sulfitsprit auf den Markt. Wohl ist bei den jetzigen Spirituspreisen seine Gewinnung aus den Ablaugen auch bei den ungünstigen Steuerverhältnissen rentabel, doch dürften die Behörden in Anbetracht des großen Anlagekapitals gewisse Garantien für einen lukrativen Betrieb dieser Fabriken auch in normalen Zeiten gegeben haben.

Eine berechtigte Frage ist nun die, ob denn von seiten der Industrie auch in normalen Zeiten eine Aufnahmefähigkeit für die gewinnbaren Spritmengen besteht. Da ist nun in allen Ländern eine erhebliche Steigerung der jährlichen Verbrauchsmenge an vergälltem Sprit zu verzeichnen. In Österreich-Ungarn ist die Verwendung von vergälltem Spiritus von 30 Mill. l im Jahre 1900 auf 50 Mill. l im Jahre 1914 gestiegen. In Deutschland im gleichen Zeitraum von 110 Mill. l auf 175 Mill. l. In der genannten Hinsicht sind demnach Bedenken nicht zu hegen. Im Gegenteil darf wohl mit Recht gesagt werden, daß eine derartige Produktion eines billigen denaturierten Spiritus sowohl der chemischen Industrie als auch der Industrie im allgemeinen einen großen Dienst erweisen wird: Der chemischen Industrie insofern, als ihr dadurch die Lösung manches wichtigen Problems ermöglicht würde, von denen hier bloß die Fabrikation des künstlichen Kautschuks erwähnt sei; der Industrie im allgemeinen, als sie durch die Verwendung dieses Sprites als Triebstoff für Motoren teilweise unabhängig im Bezuge von Benzin aus dem Ausland werden könnte.

Angesichts der großen wirtschaftlichen Bedeutung, die der Spiritusfabrikation besonders im Deutschen Reiche, aber auch in Österreich-Ungarn zukommt, seien hier darüber folgende statistische Zahlen angeführt:

Die Spiritusproduktion in Deutschland wird nach den monatlichen Zusammenstellungen des kaiserlichen statistischen Amtes durch folgende Zahlen festgelegt, wobei zu bemerken ist, daß die infolge des Krieges nicht mehr erschienene Septemberproduktion nur auf Schätzung beruht:

1909/10	3 647 500 hl
1910/11	3 473 700 „
1911/12	3 452 000 „
1912/13	3 753 000 „
1913/14	3 850 000 „

Die Erzeugung des letzten Betriebsjahres war somit die höchste in dem abgelaufenen Jahrfünft.

Der Gesamtverbrauch an Spiritus in den letzten beiden Jahren war folgender, wobei die statistischen Zahlen des Berichtsjahres durch Schätzung des Septemberverbrauches vervollständigt wurden:

	1912/13	1913/14
Zu Trinkzwecken	1 871 000 hl	1 750 000 hl
Zu steuerfreien Zwecken .	1 724 500 „	1 735 000 „
Zur Ausfuhr	5 130 „	3 670 „

Die Abnahme des Trinkverbrauches hat sich demnach im Berichtsjahre gegen das Vorjahr verdoppelt und beträgt rund 12 Mill. l gegen ca. 6 Mill. l im Jahre zuvor; demnach steht der Trinkverbrauch des Berichtsjahres seit Beginn des Jahrhunderts an letzter Stelle.

Von der Erzeugung 1912/13 entstammen nach Ost:

	2 499 000 hl	aus Kartoffeln, in rund 5000, fast nur landwirtschaftlichen Betrieben;
	496 000 „	aus Getreide, in 8060 landwirtschaftlichen und 500 gewerblichen Betrieben ohne Hefegewinnung;
	305 000 „	aus Getreide, in 296 landwirtschaftlichen und 227 gewerblichen Hefenbrennereien;
	128 000 „	aus Melasse, in 31 Melassebrennereien;
	34 000 „	aus Obst, Wein, Hefe usw., in etwa 52 000 kleinsten Betrieben
Sa.	3 456 000 hl	in rund 66 000 Betrieben.

Die österreichische Produktion betrug im Jahre 1908/09 in:

Österreich ..	1 531 862 hl,	zumeist aus Mais und Rübenmelasse
Ungarn	1 006 286 „	
Bosnien ...	14 075 „	
Zusammen ..	2 552 223 hl	in etwa 150 000 Brennereien, wovon ungefähr 600 größere österreichische und 1200 größere ungarische Betriebe sind.

Im Jahre 1910/11 betrug die Erzeugung in:

Österreich	1 784 786 hl
Ungarn	1 155 610 „
Zusammen	2 940 396 hl

der Verbrauch in Hektoliter:

	Inland	Ausfuhr	Abgabefrei für technische Zwecke
Österreich . .	1 254 317	204 599	392 414
Ungarn	883 962	1 151	160 040
Zusammen . .	2 138 279	205 740	552 454

In Frankreich betrug die Erzeugung an Spiritus (100%) im Jahre 1913 in etwa 3000 gewerblichen Brennereien:

1 836 000 hl aus Zuckerrüben,
580 400 „ „ Melasse,
437 200 „ „ mehligen Stoffen,
105 000 „ „ Traubenwein,
270 500 „ „ Früchten, Trebern, Obstwein usw.

Letztere von 200—300 000 landwirtschaftlichen „Eigenbrennern", zusammen 3 229 100 hl (100%). Die große Verschiedenheit der deutschen und der französischen Spiritusindustrie ist wesentlich die Folge der verschiedenen Besteuerungsarten.

Die Weltproduktion an Spiritus wird auf 35—40 Mill. hl geschätzt. Davon entfielen 1906 in Mill. hl auf:

Großbritannien	2,3
Österreich-Ungarn	2,6
Frankreich	4,1
Deutschland	4,38
Vereinigte Staaten von Amerika	6,6
Rußland	7,6

Der Konsum an Branntwein betrug pro Kopf der Bevölkerung in Liter in:

Italien (1906)	0,73
Norwegen (1907)	1,5
Großbritannien (1907)	2,34
Deutschland (1909)	2,73
Niederlande (1908)	3,51
Rußland (1905)	4,31
Belgien (1905)	5,00
Dänemark (1908)	6,4
Ungarn (1905)	8,00
Österreich (1905)	12,00

Die zu dem bei Normaltemperatur ermittelten spez. Gewicht gehörigen Gewichts- und Raumprozente Alkohol sind aus nachstehender Tabelle ersichtlich (Auszug aus der Tafel von Windisch):

Spez. Gewicht bei 15° C	Gewichts-% Alkohol	Raum-% Alkohol	Spez. Gewicht bei 15° C	Gewichts-% Alkohol	Raum-% Alkohol
0,849	79,81	85,31	0,834	85,80	90,09
0,848	80,21	85,64	0,833	86,19	90,40
0,847	80,62	85,97	0,832	86,58	90,70
0,846	81,02	86,30	0,831	86,97	90,90
0,845	81,43	86,63	0,830	87,35	91,29
0,844	81,83	86,95	0,829	87,74	91,58
0,843	82,23	87,28	0,828	88,12	91,87
0,842	82,63	87,60	0,827	88,50	92,15
0,841	83,03	87,92	0,826	88,88	92,44
0,840	83,43	88,23	0,825	89,26	92,72
0,839	83,83	88,85	0,824	89,64	93,00
0,838	84,22	88,86	0,823	90,02	93,28
0,837	84,62	89,18	0,822	90,39	93,55
0,836	85,01	89,48	0,821	90,76	93,82
0,835	85,41	89,79	0,820	91,13	94,09

Der Alkohol ist seiner Konstitution nach $C_2H_5 \cdot OH$, seine Elementaranalyse ergibt daher:

Kohlenstoff	52,12%
Wasserstoff	13,14 „
Sauerstoff	34,74 „;

er besteht demnach zu über $^1/_3$ aus dem für die Verbrennung wertlosen Sauerstoff. Daraus erklärt sich auch eine seiner nachteiligsten Eigenschaften, nämlich seine geringe Verbrennungswärme, sein relativ niedriger Heizwert. Man pflegt diesen vielfach mit 7402 Kal. anzugeben, was jedoch nicht richtig ist, da er nicht auf flüssiges Wasser, sondern auf Wasserdampf als Verbrennungsprodukt bezogen werden muß. Dieser „untere Heizwert" beträgt aber für reinen Alkohol nur etwa 6362 Kal. Hierzu kommt, daß solcher wegen der hohen Kosten seiner Herstellung und des dadurch bedingten Preises nicht verwendbar ist; zur technischen Anwendung kann nur der höchstgradige Sprit mit 95—96% Alkohol herangezogen werden. Mit dem Wassergehalt sinkt aber natürlich auch der Heizwert noch weiter, wie dies folgende Tabelle nach Schmitz zeigt:

Gewichts-%	WE/kg	Gewichts-%	WE/kg
100	6362	89	5596
99	6292	88	5526
98	6223	87	5456
97	6153	86	5387
96	6083	85	5318
95	6014	84	5248
94	5944	83	5178
93	5875	82	5110
92	5805	81	5040
91	5735	80	4970
90	5665		

Trotz dieses gegenüber den mineralischen Kohlenwasserstoffen niedrigen Heizwertes spielt der Alkohol in Ländern, die eine nur kleine Erdölproduktion besitzen, eine sehr große Rolle. Dies ist speziell auch im Deutschen Reiche der Fall, das eine nur sehr geringe Produktion an Erdöl aufweist, dagegen eine sehr hochentwickelte und verbreitete Spiritusindustrie. In Österreich-Ungarn stehen die Verhältnisse aber anders. Dessen Erdölindustrie ist zwar im Verhältnis zur gesamten Weltproduktion keine bedeutende, sie reicht aber vollständig hin, um den Bedarf an Petroleum und Benzin daselbst zu decken. Deshalb ging das Bestreben, die mineralischen Leuchtstoffe und Treibmittel durch Spiritus zu ersetzen, zuerst von Deutschland aus[1]).

Über die Verwendung des Spiritus als Motortreibmittel liegen zwar sich sehr widersprechende Angaben vor, doch ist deren weitaus überwiegende Anzahl für eine solche sehr günstig, und namentlich auch die Erfahrungen, die im Kriege gemacht wurden, haben dessen technisch unanfechtbare und wirtschaftlich befriedigende Anwendung bestätigt. Nahezu unbegreiflich erscheinen daher die Angaben von E. Jaenichen in seinem sonst guten Büchlein „Die Automobilbetriebsstoffe“, Autotechnische Bibliothek, Band 53, 1915, wenn er darin auf Seite 105 vom Spiritus sagt: „Wenn dieser auch als Automobilbetriebsstoff zur Zeit nicht in Frage kommen kann, so dürfen wir ihn doch der Vollständigkeit wegen nicht übergehen.“ „Das völlige Versagen

[1]) Siehe Behrend, Spiritus kontra Petroleum. Ein Beitrag zur Frage der Unterbringung unserer steigenden Ernten. P. Parey, Berlin 1906.

des Spiritus als Automobilbetriebsstoff ist dadurch zu erklären, daß sich bei der Verbrennung leicht Nebenprodukte, wie Aldehyd und Essigsäure, bilden, die infolge ihrer rostbildenden Eigenschaften dem Motor gefährlich werden. Ferner ist der Spiritus auch wegen seines geringen Heizwertes unwirtschaftlich, und endlich ist er ein hervorragendes Steuerobjekt und aus diesem Grunde zu teuer. — Aus allen diesen Gründen erscheint es mindestens zweifelhaft, ob er jemals als Automobilbetriebsstoff in Frage kommen wird, so sehr das natürlich an sich auch im Interesse der Landwirtschaft liegen würde."

Aus fast allen anderen Mitteilungen geht jedoch, wie schon erwähnt, gerade das Gegenteil hervor. So sagt z. B. die Zeitschrift „Petroleum", die gewiß nicht die Aufgabe hat, dem Spiritusverbrauch gegenüber dem Benzin das Wort zu reden, wörtlich[1]): „Der größte Teil der noch in Betrieb befindlichen Autos in Deutschland wird jedoch jetzt mit Spiritus betrieben, der zu Preisen von 32—36 Pf. pro l in ausreichenden Quantitäten zu haben ist. Was den Bemühungen der deutschen Landwirtschaft in vielen Jahren nicht gelungen ist, was sie mit einem großen Aufwand von Agitation immer und immer wieder durchzusetzen versucht hat, den Ersatz des ausländischen Treibmittels Benzin durch das Produkt der heimischen Landwirtschatt Spiritus, setzt sich gegenwärtig automatisch durch. Der Betrieb der Motoren mit Spiritus soll sich, wie uns vielfach versichert wurde, sehr zufriedenstellend abwickeln. Auch hier ist häufiges Reinigen des Vergasers notwendig, aber im großen und ganzen läßt der Betrieb mit Spiritus wenig zu wünschen übrig."

Vorausgeschickt muß werden, daß ein Motor, der für die Verwendung von Benzin oder Benzol konstruiert und eingerichtet ist, natürlich nicht ohne weiteres mit einem anderen Brennstoff mit gleich günstigem Nutzeffekt betrieben werden kann. Sobald sich der starke Bedarf an Spiritus als Brennstoff für Motoren geltend machte, unterzog sich die technische Abteilung der Spirituszentrale ungesäumt der dankenswerten Aufgabe, Versuche vorzunehmen über die geeignetste Verwendung von Spiritus zum Betriebe der vorhandenen Kraftwagen[2]) und stellte folgende

[1]) 1914, 7. Oktober, S. 27.

[2]) Siehe Zeitschr. f. Spiritusindustrie 1914, 37. Jahrg., Nr. 35, S. 441; Chem. Industrie, 38. Jahrg., Nr. 21/22, S. 489.

Gesichtspunkte auf: Zur vollen Ausnützung des Spiritus als Betriebsstoff für Motoren ist es möglich und nötig, eine höhere Kompression anzuwenden, als dies für Benzin und Benzol zulässig ist. Von einer Umänderung der eingebauten Motoren in dieser Hinsicht kann vorläufig keine Rede sein. Es ist daher klar, daß die wirtschaftliche Frage bei der Verwendung von Spiritus zum gegenwärtigen Betriebe von Kraftwagen als die zunächst nebensächlichere ausgeschaltet werden muß. Für den Mehrverbrauch von Spiritus gegenüber Benzin bzw. Benzol lassen sich selbst für Kraftwagen mit gleicher Motorart keine für jedes Fahrzeug zutreffenden Daten festlegen, da sich hierbei verschiedene Einwirkungen geltend machen, die den größeren oder geringeren Mehrverbrauch beeinflussen.

In der Hauptsache ist die Verwendung von Spiritus lediglich eine Vergaserfrage, und hier ist als feststehender Grundsatz zu betrachten, daß im allgemeinen eine Erweiterung der Düse und eine Verminderung der Luftzufuhr vorgenommen werden muß. Daneben kann sich eine geringe Belastung des im Vergaser befindlichen Schwimmers als zweckmäßig erweisen. Ferner ist für eine gute Vorwärmung der zum Vergaser geleiteten Hauptzusatzluft zu sorgen. Als Brennstoff für Kraftwagen ist grundsätzlich nur Spiritus von 95 Vol.-Proz. zu verwenden; solcher von geringerem Gehalt ist deshalb weniger geeignet, weil infolge des größeren Wassergehaltes die Gase einen größeren Feuchtigkeitsgehalt besitzen und daher leichter kondensieren.

Der geringe Heizwert des Spiritus gegenüber Benzin und Benzol spielt, wie dies u. a. auch Löw ausführt[1]), bei der Leistung aus folgendem Grunde keine Rolle: Der Heizwert gibt nur ein Bild von der Arbeit (Meterkilogrammen), die eine gewisse Brennstoffmenge zu verrichten vermag. Aber er gibt kein Bild von der Leistung (Sekundenmeterkilogrammen). Wenn wir einen Brennstoff von niedrigerem Heizwert im Motor rascher verbrennen können als einen solchen von höherem Heizwert, so kann die Pferdestärkeleistung des Motors in jeder Sekunde die gleiche bleiben. So ist es bei dem Spiritus. Wegen seines hohen Sauerstoffgehaltes braucht er viel weniger Luft zu seiner Verbrennung als Benzol und Benzin, daher enthält das günstigte Verbrennungs-

[1]) Die Umschau 1916, Nr. 22, S. 425.

gemisch von Spiritus und Luft viel mehr Spiritus, als das günstigste Verbrennungsgemisch von Benzol und Luft Benzol enthält. Deshalb bleibt der Energieinhalt der Zylinderfüllung nahezu der gleiche, einerlei, ob die Zylinderfüllung aus dem Spiritus-Luft-Gemisch oder dem Benzol-Luft-Gemisch besteht. Dies ist die Erklärung dafür, warum der mit Spiritus betriebene Kraftwagen fast die gleiche Geschwindigkeit erzielt wie der mit Benzin betriebene.

Anders ist es natürlich hinsichtlich des Verbrauches. Da die Zylinderfüllung mehr Spiritus enthält, so reicht dieser nicht so weit wie Benzin oder Benzol. Da aber anderseits Spiritus viel billiger ist als Benzin und Benzol, so kommen hinsichtlich der Wirtschaftlichkeit der Spiritusbetrieb und der Benzinbetrieb sich wieder nahe. Über Verbrauch und Wirtschaftlichkeit gibt die nachstehende Tabelle Auskunft:

	Mit 1 l gefahren km	Preis von 1 l Pfg.	Mit 1 M zu fahren km
Benzin rein	5,8	38,0	15,7
Benzol rein	7,1	37,5	18,9
1 Benzol + 1 Spiritus . . .	7,5	35,8	20,9
1 Benzol + 2 Spiritus . . .	7,2	35,2	20,4
1 Benzol + 3 Spiritus . . .	7,0	34,9	20,0
1 Benzol + 4 Spiritus . . .	6,6	34,7	19,0
1 Benzol + 5 Spiritus . . .	6,0	34,5	17,3
Spiritus ungemischt	5,4	34,0	15,8

Die in ihr befindlichen Preise sind die, die vor dem Kriege bei Kleinbezug bis zu 100 l bezahlt werden mußten, und die Verbrauchs- und Wirtschaftlichkeitszahlen die, die der Verfasser mit seinem Hauptversuchswagen erhielt. Besonders günstig erscheinen in dieser Tabelle die Benzol-Spiritusmischungen.

Dem Spiritus als Motorbetriebsstoff wurde ferner, wie erwähnt, verschiedentlich von Verbrauchern der Vorwurf gemacht, daß er infolge seines Gehaltes an Wasser das Rosten der Eisenteile begünstige und wegen der Bildung von Essigsäure bei der Verbrennung Korrosionen verursache. Es ist nun bekannt, daß sich in jedem Explosionsmotor Stickoxyde, Verbindungen von Stickstoff mit Sauerstoff, bilden. Auf einer solchen Bildung von Stickoxyden bei der Explosionsverbrennung von Leucht- oder

Kokereigas mit Luft beruht ja das Verfahren von Häusser zur Salpetersäuredarstellung (für Kokereigase von Dobbelstein ausgebildet), sowie ein Verfahren von Bender, der Erdgas mit Luft zur Explosion bringt. Es ist nun nicht unwahrscheinlich, daß die Korrosionen, die an dem Innern der Explosionszylinder beobachtet wurden, auf die Einwirkung dieser Stickoxyde zurückzuführen sind.

Bezüglich des Spiritus tritt Ancker[1]) den genannten Anschauungen über dessen schädliche Wirkungen entgegen auf Grund der vom Institut für Gärungsgewerbe, sowie von einigen Firmen, die Motorpflüge bauen und betreiben, mit dem Spiritusbetrieb gemachten guten Erfahrungen. Bei sachgemäß geleitetem Betrieb sind keinerlei Anstände zu gewärtigen. Eine schädliche Wirkung der geringen im Spiritus enthaltenen Wassermenge ist ganz ausgeschlossen; die relativ viel bedeutendere Menge von Wasser in Dampfform, die bei der Verbrennung erzeugt wird, ist ebenfalls ohne Einfluß, ihre Bildung findet auch statt beim Betriebe mit Benzin, Benzol usw. Das beim Anhalten des Motors durch Abkühlung sich bildende flüssige Wasser kann durch Einspritzen von etwas Öl in den Zylinder unschädlich gemacht werden. Was die Essigsäure anbelangt, so kann solche, wie auch Aldehyd, nur bei unvollkommener Verbrennung, also bei schlechter Vergasung entstehen, die sich vermeiden läßt, wenn man den zur Verbrennung erforderlichen Luftüberschuß reichlich nimmt. Vorübergehende Störungen sind dabei ohne Belang, da der stets vorhandene Ölüberzug der Metallteile einen gewissen Schutz gewährt. Bei Mischungen mit Benzol ist diese Gefahr infolge der reduzierenden Eigenschaften dieses Körpers eine noch geringere.

Bezüglich Rostbildungen im Motor, der mit reinem oder nahezu reinem Spiritus betrieben wird, liegen ferner jahrelange Erfahrungen von Goslich[2]) vor, wonach solche nicht beobachtet wurden. Und nach einer Mitteilung des Maschinenprüfungsamtes der Landwirtschaftskammer für die Provinz Brandenburg[3]) ist die Neigung der Motoren zum Verrosten bei Verwendung von

---

[1]) Siehe Zeitschr. f. Spiritusindustrie 1914, 37, S. 546; Zeitschr. f. angew. Chem., 28. Jahrg., Nr. 8—9, S. 54.

[2]) Chem. Industrie, 38. Jahrg., Nr. 21/22, S. 489.

[3]) Deutsche Tageszeitung Nr. 446 vom 3. Sept. 1914.

Benzolspiritus 80: 20 geringer als beim Arbeiten mit unvermischtem Spiritus.

Auch Löw[1]) äußert sich dahin, daß bei Spiritusbetrieb eine schädliche Rostbildung im Automobilmotor nicht zu befürchten sei, wegen der senkrechten Zylinder und der intensiveren Schmierung gegenüber ortsfesten Spiritusmotoren. Ebenso, wie es anfänglich beim Benzolbetrieb der Fall war, seien auch hier manche Hinweise auf Schäden, die unter Umständen auftreten könnten, wenn nicht diese und jene Vorkehrungen getroffen würden, lediglich Klugredereien ohne praktische Bedeutung. Auch werden viele Erfahrungen falsch ausgelegt. Eine zufällig auftretende Beschädigung, die ihren tatsächlichen Grund vielleicht in einer mangelhaften Ölpumpe oder minderwertigen Materialien hat, wird einfach dem neuen Brennstoff zugeschoben „wegen seiner zerfressenden Wirkung“ oder „wegen seines Säuregehaltes“. Die durch Spuren von Säure in den Zylindern erzeugte Abnützung ist verschwindend gegenüber der natürlichen Abnützung infolge der Reibungskräfte. Ist aber die Ölung in Ordnung, so schaden weder die Reibungskräfte, noch viel weniger der geringe Säuregehalt, der übrigens weit öfter mit dem Öl als mit dem Brennstoff in die Zylinder gelangt.

Für die Beurteilung des Spiritusbetriebes sind schließlich auch die in letzter Zeit in Österreich durchgeführten Versuche[2]) von entscheidender Bedeutung.

In Österreich ist bisher Spiritus in größerem Maßstabe noch nicht als Treibmittel verwendet worden, da eine zwingende Notwendigkeit für den Ersatz von Benzin durch diesen Brennstoff nicht vorlag. Immerhin begegnet aber die Frage, ob sich Spiritus bzw. Spiritusgemische betriebsökonomisch als Treibmittel für Automobilmotoren eignen, auch hier großem Interesse. Denn es war augenscheinlich, daß die Düsenvergrößerung am Vergaser geradezu den Kernpunkt der zu lösenden Aufgabe bilden müsse und lag daher die weitere Frage nahe, ob und in welchem Verhältnisse Düsenquerschnitt, Betriebsökonomie und Leistung des Motors bei Spiritusbetrieb zueinander stünden.

---

[1]) Loc. cit., S. 7.

[2]) Koláček und Deinlein, Automobilversuche mit Spiritusantrieb. Österr. Wochenschr. f. d. öffentl. Baudienst 1914, H. 52.

Die Österreichischen Saurerwerke erbrachten durch eine Reihe von Probefahrten in der nächsten Umgebung Wiens zunächst den Beweis, daß die bis dahin angekündigten Grundsätze für die notwendigen Umbauten am Automobilmotor im allgemeinen richtig sind, und daß Spiritus an sich ein geeignetes Ersatzmittel für Motorbenzin bildet.

Die Erste böhmisch-mährische Maschinenfabrik in Prag-Lieben entschloß sich, Versuche in größerem Maßstabe durchführen zu lassen. Zum Vergleiche sollte nach dem Arbeitsentwurf nicht nur Spiritus allein, sondern auch das thermisch selbstredend vorteilhaftere Benzol, dann Gemische aus Spiritus mit Benzol oder Äthyläther hinsichtlich ihrer Eignung als Treibmittel ganz allgemein untersucht werden, hierzu der Brennstoffverbrauch nebst der erzielten Leistung gemessen und durch Vornahme einzelner Abänderungen am Motor (Düsenveränderung, Kompressionserhöhung, Regulierung der Vorwärmung) die Frage der Betriebsökonomie auch nach dieser Seite hin untersucht werden.

Versuche, die mit einem 32-P. S.-Motor unter bestimmten Bedingungen angestellt wurden (Abbremsung desselben bei verschiedener Umlaufzahl), ergaben folgenden Brennstoffverbrauch: Pro effektive Pferdekraftstunde stellt sich bei voller Belastung des Motors der Brennstoffverbrauch auf durchschnittlich:

270 g bei Schwerbenzin,
300 „ „ Benzol,
400 „ „ Spiritusbenzolgemisch und
500 „ „ reinem Spiritus.

Weitere Versuche mit Gemischen aus Spiritus, Benzol und Äther, bzw. aus Spiritus und Äther allein — in einem in einer beigegebenen Tabelle vermerkten prozentualen Verhältnisse — lieferten etwas günstigere Werte hinsichtlich der Betriebsökonomie als Spiritusbenzol bzw. Spiritus allein. Diesen Versuchen ist jedoch mit Rücksicht auf die nicht unbeträchtlichen Kosten des Äthers (etwa 6 Kr. pro 1 kg) keine allzu große Bedeutung beigelegt worden, da der Preis für die effektive Pferdekraftstunde gegenüber den bei den früher besprochenen Brennstoffen erzielten als ein viel zu hoher bezeichnet werden muß.

Die Autoren führen zum Schlusse folgendes an: „Die Versuche haben jedenfalls gezeigt, daß Spiritusbetrieb unter gewissen Voraussetzungen anstandslos möglich ist, sofern der höhere Brennstoffverbrauch, bzw. auch die höheren Betriebskosten in Kauf genommen werden. Praktisch ergibt sich lediglich die Notwendigkeit, am Vergaser vor allem eine entsprechende Düsenvergrößerung durchzuführen, die nicht proportional dem Verhältnisse der Heizwerte von Benzin zu Spiritus, sondern im Durchschnitt in einem Verhältnis von 60—70% durchgeführt werden soll. Für Benzol bzw. Spiritusgemisch liegt der Wert innerhalb der für Benzin und Spiritus abgesteckten Grenzen.

Der Spiritusbetrieb erfordert auch eine Vorwärmung der Frischluft, die sich am besten dadurch erzielen läßt, daß um das Auspuffrohr eine Manschette gelegt wird, durch die hindurch mittels einer Rohrleitung dem Vergaser die Frischluft nunmehr in gewärmtem Zustande zugeführt wird. Eine zu weit getriebene Vorwärmung wirkt anderseits auch schlecht, indem der Motor geradezu abfällt. Es wird sich daher empfehlen, in die Leitung zwischen Vergaser und Manschette ein Konstruktionselement einzubauen, durch das eine Regulierung der Frischluftvorwärmung (am besten mittels eines abdeckbaren Schlitzes) ermöglicht wird. Dieses Vorwärmerohr muß derartig situiert sein, daß es beim Wagenlauf durch die Ventilatorluft nicht stark gekühlt wird, da sonst wenigstens eine teilweise Isolierung dieses Rohres vorgesehen werden müßte. Bei Benzol bzw. bei Spiritusbenzol, ist diese Vorwärmung nicht erforderlich. Die Umänderungskosten für Düsenvergrößerungen und Anbringung der Vorwärmung sind verhältnismäßig geringfügig (50—80 Kr.).

Schließlich ist noch zu bemerken, daß ein 35-P. S.-Wagen auf der Strecke Prag-Smichow-Mnischek mit Spiritus ausprobiert wurde und sowohl im ebenen als auch bergigen Gelände tadellos gefahren ist. Bei kurzen Fahrtunterbrechungen ist der Motor anstandslos angesprungen, nur beim ersten Anlassen — kalter Motor — wurde Benzin aus einem kleinen besonderen Vorratsbehälter dem Vergaser zugeführt. Im übrigen hätte es auch genügt, wenn das Benzin durch die Kompressionshähne in die Zylinder eingespritzt worden wäre. Der Brennstoffverbrauch bei Spiritusbetrieb wurde auf einer Strecke von 22,8 km mit 6,4 l gemessen, was unter Zugrundelegung eines spez. Gewichtes von 0,82 einem Verbrauch von 1 kg Spiritus auf 4,3 km entspricht. Nachdem gerechnet wird, daß mit Benzin im Durchschnitt mit

1 kg Brennstoff 6 km gefahren werden können, ist das vorstehende Ergebnis sicherlich als kein ungünstiges zu bezeichnen.

Die Versuche haben sonach in jeder Richtung den Beweis erbracht, daß auch reiner 95proz. Spiritus sich als Treibmittel für Automobilmotoren mit gutem Erfolg verwenden läßt, und daß es hierbei vor allem auf eine entsprechende Düsenregulierung ankommt, um möglichst betriebsökonomische Verbrauchswerte zu erzielen.

Der Methylalkohol. Einige Worte sollen schließlich auch diesem Körper gewidmet werden, der bei der trockenen Destillation des Holzes unter Verarbeitung der Produkte derselben gewonnen wird. Aus dem dabei entfallenden wässerigen Destillat nämlich gewinnt man den Methylalkohol, deshalb auch Holzgeist genannt, ferner Azeton und Essigsäure. Als Brennstoff ist der Methylalkohol viel zu teuer; er siedet aber bereits bei 66°, und man kann deshalb durch Zumischen desselben zu gewöhnlichem Spiritus letzteren leichter siedend machen. Bemerkt muß werden, daß der Methylalkohol in hohem Grade giftig ist.

Bei dieser Gelegenheit sei darauf hingewiesen, daß aus den leichtest flüchtigen Bestandteilen des Holzteers vielleicht Substanzen erzeugt werden könnten, die entweder so wie die analogen Fraktionen des Braunkohlenteers direkt als Treibmittel verwendet werden könnten, oder aber als Zusatz zu Kohlenwasserstofftreibmitteln. Es wäre dies immerhin von Wichtigkeit, da die trockene Destillation des Holzes insbesondere in Österreich eine größere Ausdehnung genommen hat und der Holzteer ungefähr 5% des Gewichtes des verkohlten Holzes beträgt.

VII. Mischungen der verschiedenen Treibmittel.

Neben den genannten Treibmitteln an und für sich werden auch Mischungen solcher als Motorbetriebsstoffe verwendet. Ihre gewöhnlichsten Bestandteile sind Benzin, Benzol, Spiritus und Petroleum; beim Naphthalin, das gleichfalls häufig dazu herangezogen wird, kann man nicht von einer Mischung, sondern nur von einer Lösung desselben in einem dieser Treibmittel oder deren Mischungen sprechen.

Derartige Mischungen zeigen gewisse Vorteile, können aber beim gewöhnlichen Automobilmotor die guten Sorten von Luxusbenzin in ihrer Wirkung niemals übertreffen. Wenn daher auch einige von ihnen für den Betrieb, wie die Versuche damit ergaben, sehr wertvolle Eigenschaften haben, so sind sie im allgemeinen doch nur als Ersatzstoffe anzusehen, deren Anwendung vorzugsweise nur veranlaßt wurde durch die Benzinnot bzw. durch die große Benzinteuerung. Von den zahlreichen Mischungen, die unter phantasiereichen Namen in den Handel kommen, und denen oft unglaubliche Leistungen nachgesagt werden, sei hier ganz abgesehen.

Mit dem Verhalten von Mischungen hat sich insbesondere auch Freiherr von Löw in seinen eingangs erwähnten Broschüren beschäftigt; auf die Winke und Ratschläge, die er in dieser Hinsicht gibt, und auf die Erfahrungen, die er bei seinen Fahrten damit machte, sei hier besonders verwiesen. Namentlich sei das Ergebnis hervorgehoben, daß der Vergaser, dessen Düsen und Luftquerschnitte noch für Benzinbetrieb eingestellt waren, auch vorzüglich mit den verschiedenen Brennstoffmischungen arbeitete.

Die Zusammensetzung derselben kann natürlich eine außerordentlich mannigfaltige sein. So mischen sich z. B. sowohl Benzin als auch Benzol mit Petroleum sowie mit Spiritus, wodurch man bereits vier verschiedene, vollkommen homogene Brennstoffmischungen erhalten kann, nämlich 1. Benzinpetrol, 2. Benzinspiritus, 3. Benzolpetrol und 4. Benzolspiritus. Da sich ferner auch Benzin und Benzol miteinander mischen, so kann man von diesen Mischungen nochmals 1 und 3 oder 2 und 4 mischen, wodurch man zwei weitere Mischungen erhält, die aus je drei Bestandteilen bestehen, nämlich Benzolbenzinpetrol und Benzolbenzinspiritus, die gleichfalls vollkommen homogen sind. Dagegen bildet die Mischung 1 und 2 meist keine homogene Flüssigkeit, sondern zerfällt wieder in Schichten, wie stets, wenn viel Spiritus und viel Petroleum zusammenkommen.

Durch Zusatz von Petroleum zum Benzin kann man an Brennstoffkosten pro 100 km sparen, jedoch läuft der Motor mit solchem Benzinpetrol nicht so ökonomisch wie ein Benzinmotor mit Benzin oder ein Petroleummotor mit Petroleum allein. Da ferner ein Gemisch von Benzin mit dem verhältnismäßig schweren

Leuchtpetroleum nicht gleichmäßig abbrennt, so neigt der Motor zum Heißlaufen. Besser sind solche Mischungen, die auch die mittleren, noch leichter siedenden Kohlenwasserstoffe enthalten (Autonapht usw.). Das etwas schwerere Anspringen des Motors bei kühlem Wetter läßt sich durch Einspritzen von etwas Leichtbenzin in die Zylinder überwinden. Da das Petroleum im gewöhnlichen Motor nicht ganz vollständig verbrennt, haben die Auspuffgase einen noch stärkeren Geruch.

Mischungen von Benzol mit Benzin oder Petroleum oder mit beiden haben bisher noch keine ausgedehntere Verwendung gefunden. Wichtiger sind die Versuche, schwere Teeröle durch Benzol, auch durch Benzin, leichter entzündlich zu machen. Wa. Ostwald erzielte damit sehr befriedigende Resultate.

Besondere Wichtigkeit als Mischungsbestandteil hat der Spiritus erlangt. Mohr betonte schon 1914[1]), daß durch die im Kriege gemachten Erfahrungen der Beweis erbracht sei, daß selbst bei vollständiger Unterbindung der Kohlenwasserstoffzufuhr und -erzeugung die deutsche Spiritusindustrie imstande ist, den Brennstoffbedarf für die Aufrechterhaltung des Automobilbetriebes sicherzustellen. Bezüglich der Ersatzstoffe und Zusätze zum Spiritus haben sich nur die einfachsten Mischungen von Spiritus mit Kohlenwasserstoffen im praktischen Betriebe wirklich bewährt. Als solche kommen in erster Linie Mischungen mit Benzol, bis zu Mischungen von gleichen Raumteilen von Spiritus und Benzol, in Frage, da sich die Eigenschaften dieser beiden Stoffe in sehr erwünschter Weise gegenseitig ergänzen. Das Benzol hat im Verhältnis zum Spiritus einen sehr hohen Energiewert, es enthält also auch der Benzolspiritus entsprechend mehr Energie als reiner Spiritus, und ferner zündet Benzol auch leichter als Spiritus. Weiter enthält das Reinbenzol für seine Verwendung im Automobilmotor zu viel Kohlenstoff, während der Spiritus umgekehrt zu viel Wasserstoff und Sauerstoff enthält. Beide brauchen höhere Kompression, weshalb der Benzolspiritus für den heutigen Automobilmotor nicht vorteilhaft zu verwenden ist; es müßten daher hierfür solche mit besonders hohen Kompressionen gebaut werden (Ostwald).

Von Löw spricht sich diesbezüglich folgendermaßen aus:

---

[1]) Zeitschr. f. angew. Chem. **27**, Nr. 80/81, S. 559.

„Eine vorzügliche Eigenschaft der Mischungen von Spiritus mit Benzin oder Benzol ist, daß der Spiritus Wasser aufnimmt und Benzin oder Benzol Öl. Jeder Kraftwagenführer weiß, daß bei dem Benzin- oder Benzolbetrieb oft Wasserkugeln im Schwimmergefäß sind, auch kommt es vor, daß, wenn sich sehr viel Wasser dort befindet, der Motor stehen bleibt. Beim Spiritusbetrieb ist dies unmöglich, denn Spiritus absorbiert das Wasser, dagegen kann es vorkommen, daß sich beim reinen Spiritusbetrieb Ölkugeln in der Schwimmerkammer ablagern, die schließlich die Vergaserdüse verstopfen. Trotz aller Vorsicht kommen ja in die Brennstoffbehälter unserer Automobile solche flüssige Fremdkörper wie Wasser und Öl leicht hinein. Auch die Auspuffgase, die den Behälter unter Druck stellen, scheiden Wasser ab. Bei den Mischungen von Spiritus mit Benzol oder Benzin wird also Wasser vom Spiritus und Öl vom Benzol oder Benzin aufgelöst, und Vergaserverstopfungen durch solche fremde Flüssigkeitstropfen kommen nicht mehr vor.

Eine weitere wertvolle Eigenschaft des Spiritus ist sein tiefer Gefrierpunkt, der bei Mischungen von Spiritus und Benzol ein frühzeitiges Erstarren des Benzols verhütet. Bekanntlich ist das Benzol, das wir im Winter beziehen, sog. Winterbenzol, das einen Zusatz enthält, der ein Einfrieren des Benzols verhütet. Fährt man Mischungen von Spiritus und Benzol, so braucht man nicht zu fürchten, daß man im Winter einmal auf einem wenig besuchten Lager noch Sommerbenzol bekommt. Schließlich ist der Spiritus für die sehr willkommen, die das Rußen beim reinen Benzolbetrieb so sehr fürchten. Das Rußen tritt hauptsächlich unmittelbar nach dem Andrehen auf, besonders wenn man vorher am Schwimmer gezupft hat; es ist ein Zeichen von Luftmangel, denn Benzol braucht mehr Luft als Benzin, Spiritus aber braucht weniger Luft als Benzin. Wenn wir also Spiritus und Benzol mischen, so erhalten wir einen Stoff, der fast genau so viel Luft nötig hat wie Benzin, und der daher auch in einem sehr empfindlichen Vergaser ebenso gut arbeitet wie Benzin.

Aus allen diesen Gründen halte ich die Mischung von Benzol und Spiritus für den besten Brennstoff, den wir für Automobile haben, und der dem Benzin wesentlich überlegen ist und daher auch nach dem Krieg vorgezogen werden wird.“

Steht Benzin zur Verfügung, so kann ein Teil, etwa die Hälfte, des Benzols durch Benzin ersetzt werden. Der Preis eines solchen Gemisches ist allerdings ein höherer, es besitzt aber, da das Benzin einen höheren Energieinhalt als Benzol hat, eine höhere Energiekonzentration. Mohr sagte schon 1909[1]), daß die Mischung Benzol-Benzin-Spiritus sich als durchaus konkurrenzfähiger Motorbrennstoff erwiesen hat, dessen weitgehende Verwendung für alle nicht genügend Benzin erzeugenden Länder, die aber Benzol und Spiritus in genügender Menge produzieren, von direktem nationalen Interesse ist. Sie hat vor allem den Vorteil, daß sie bei —25° noch kältebeständig ist und keine kristallinen Benzolausscheidungen oder Entmischung zeigt und dabei sehr enge Siedegrenzen zwischen 42—78° aufweist. Wie umfangreiche Versuche ergaben, läßt sich derartig hochkarburierter Spiritus von den meisten Vergasern ohne andere Abänderungen als eine Einschränkung der Luftzufuhr verarbeiten.

Zur Herabdrückung des Energiepreises wird dem Benzin-Benzol-Spiritus auch Petroleum zugesetzt. Wichtiger dürften, wie Ostwald bemerkt, Versuche sein, solche Gemische mit Naphthalin und schweren Braun- und Steinkohlenteerölen anzureichern.

Um den geringen Heizwert des Spiritus zu erhöhen, wurde auch versucht, diesen mit festen, kohlenstoffreichen Substanzen zu karburieren. Mohr stellte eine Reihe von Versuchen mit Naphthalin an, die jedoch kein brauchbares Resultat ergaben. Sie scheiterten an der relativen Schwerlöslichkeit des Naphthalins in Spiritus, so daß kein hoher Karburierungsgrad erreicht werden konnte, und weiter an der außerordentlich hohen Kristallisierfähigkeit des Naphthalins. Dieses scheidet sich, auch bei Mitverwendung von Benzol u. dgl. zur Karburierung des Spiritus, beim Abkühlen auf 0° oder wenig darunter in den bekannten blättrigen Kristallen aus, wodurch natürlich Änderungen in Zusammensetzung und Eigenschaften eintreten.

Von Löw bemerkt dazu: „Die Versuche, Naphthalin in anderen Brennstoffen zu lösen, halte ich infolge verschiedener Versuchsfahrten mit solchen Lösungen für nicht gut, denn es bilden sich zu leicht kristallinische Ausscheidungen des Naphthalins. Man wird dafür sorgen müssen, daß das Naphthalin nicht mit Teilen in Berührung kommt, deren Temperatur im

[1]) Kongreß für angewandte. Chemie in London.

Betrieb unter 80° sinkt. Man müßte also hier den Vergaser und die Brennstoffzuleitung wesentlich stärker anwärmen als beim Spiritusbetrieb. Als Schmelzbehälter für das Naphthalin würde man bei neu zu entwerfenden Motoren den oberen Teil der Zylinder ausbilden und auch gleich dafür sorgen, daß das Schwimmergehäuse genügend warm bleibt. Der Heizwert des Naphthalins ist fast derselbe wie der des Benzols, dagegen beträgt der Preis des Naphthalins ungefähr $^1/_4$ von dem des Benzols; daher dürfte es sich für große Lastwagen und Omnibusbetriebe schon lohnen, zum Naphthalinbetrieb überzugehen."

Als Bestandteil von Brennstoffmischungen wird ferner auch Azeton empfohlen; so erscheint nach einem Patent vom 27. Juli 1907 eine Mischung von 80 Spiritus, 10 Azeton und 10 Benzin vorgesehen. Weiter nahm Benedix ein Patent auf die Verwendung von Gemischen leicht flüchtiger Betriebsmittel für Explosionsmotoren, wie Benzin, Benzolspiritus, Benzol, mit leicht flüchtigen Äthern, insbesondere Diäthyläther, die in dem Gemisch in Mengen von nicht unter 5% enthalten sind. Ein Gemisch z. B. von Benzin und 5—10% Äthyläther ist ein außerordentlich kräftiges Betriebsmittel, dessen Dämpfe mit Luft gemischt außerordentlich starke Energieentfaltung geben. Es wird also bei einem derartigen Gemisch eine nicht unwesentliche Ersparnis des unter Umständen schwer zu beschaffenden Kohlenwasserstoffes und gleichzeitig damit eine Verbesserung dieses Betriebsmittels herbeigeführt.

Dieterich[1]) gibt eine Reihe von Vorschriften für von ihm erprobte Mischungen von Treibmitteln als Ersatzstoffe für Benzin und Benzol:

1. Benzol-Spiritus.
   a) Spiritus 95proz. denaturiert 70 T., Benzol 30 T.; man gießt das Benzol langsam unter Umrühren in den Spiritus, nicht umgekehrt.
   b) Spiritus 90proz. (gewöhnlicher Brennspiritus) 50 T., technisches Azeton (Essigalkohol) 20 T., Benzol 30 T. Man vermischt erst Spiritus und Azeton und fügt allmählich das Benzol hinzu.

---

[1]) Auto-Liga 1914, Nr. 19.

2. Benzin-Spiritus.
   a) Spiritus 95 proz. denaturiert 70 T., Benzin 30 T.; man gießt das Benzin in den Spiritus.
   b) Spiritus 90 proz. (gewöhnlicher Brennspiritus) 50 T., tchnisches Azeton (Essigalkohol) 20 T., Benzin 30 T. Man mischt erst Spiritus und Azeton und fügt dann das Benzin hinzu.
3. Spiritus-Äther.
   a) Spiritus 95 proz. denaturiert 90 T., Schwefeläther 10 T.
   b) Spiritus 95 proz. denaturiert 90 T., Schwefeläther 10 T., Naphthalin 1 T. Das Naphthalin löst sich in der Mischung unter Umschütteln.
4. Azeton-Spiritus.
   a) Spiritus 95 proz. denaturiert 70 T., technisches Azeton 30 T.
   b) Spiritus 90 proz. (gewöhnlicher Brennspiritus) 50 T., technisches Azeton 50 T.
5. Petroleummischungen.

Petroleum und Benzin oder Benzol im Verhältnis 2: 1 mischen, oder Petroleum 3 T., Azeton 1 T., oder Petroleum 90 T., Äther 10 T., hierin 1 T. Naphthalin lösen.

Für den Gebrauch aller dieser Ersatzflüssigkeiten ist eine Vergrößerung der Düse und der Vorwärmung und eine Verminderung der Luftzufuhr zu empfehlen. Außerdem löse man, um das Rosten zu verhüten, 1 l Motorenöl auf 100 l der betreffenden Flüssigkeit und sorge auch sonst für gute Ölung aller Motorenteile, speziell bei Spiritusverwendung.

Alle diese Mischungen sind zum Teil ebenso billig, zum Teil etwas teurer als Benzin. Man wird sich dieser Mischungen, soweit teurer, nur so lange als Notbehelf bedienen, als Benzin und auch Benzol knapp ist bzw. gar nicht oder nur bedingungsweise freigegeben wird.

Mohr bezeichnet eine Mitverwendung von Azeton, das ungefähr 6710 WE besitzt, als unwirtschaftlich, da sein Preis das Mehrfache von dem des Spiritus beträgt. Die gleichen Gründe lassen die Verwendung von Äther aussichtslos erscheinen.

VIII. Mittel zur Erhöhung der Explosionsenergie.

Wie schon im vorhergehenden Abschnitte ausgeführt, kann man gewisse Treibmittel dadurch erheblich zündkräftiger machen, daß man ihnen einen entsprechenden Prozentsatz von besonders leicht verbrennlichen Stoffen zusetzt. So läßt sich Schwerbenzin durch einen Zusatz von Gasolin und Petroleum durch einen solchen von Leichtbenzin für die gewöhnlichen Automobilmotoren ohne weiteres verwendbar machen. Zu dem gleichen Zwecke wurden ferner auch Methylalkohol, Äther usw. in Vorschlag gebracht, auch Schwefelkohlenstoff, dessen Anwendung jedoch unzulässig ist, da die bei seiner Verbrennung entstehende schweflige Säure die Metallteile des Motors angreift.

In gleicher Weise wurden bereits auch vielfach Versuche gemacht, durch einen Zusatz von Kampfer zu Automobilbrennstoffen eine Erhöhung der Motorleistung herbeizuführen. Während aber die Ergebnisse einer Reihe von solchen dem Kampfer das Wort sprechen, zeigte sich bei anderen kein Erfolg durch einen derartigen Zusatz. Diesen Widerspruch erklärt Knight dadurch, daß die in verschiedenen Fällen erzielte Leistungserhöhung auf einen rein mechanischen Effekt zurückzuführen ist. Eine Beimischung von Kampfer ist überall da von Vorteil, wo die Motorleistung durch Anbringung eines modernen Vergasers gesteigert werden könnte. Gut durchkonstruierte Vergaser zerstäuben das Benzin feiner als alte Typen, daher die bessere Ausnützung der Wärmeenergie. Ist ein Wagen mit einem unzulänglichen Vergaser versehen, so wird das Benzin nicht zu seinem vollen Werte ausgenützt, und die Beimischung von Kampfer kann die Leistung erhöhen, was nach Knights Ansicht auf einer feineren Zerstäubung des Benzins beruht.

Kieffer bemerkt hierzu: Es ist sehr wahrscheinlich, daß ohne Vornahme durchgreifender Veränderungen der Kampfer eher Nach-als Vorteile für den Motor bringen wird, da z. B. Verrußungen der Zündkerzen und Zylinderwandungen oder Kampferabscheidungen an der Schwimmernadel des Vergasers sehr naheliegend sind, die zu ernstlichen Betriebsstörungen führen können. Es wäre überhaupt aus Sicherheitsgründen und mit Rücksicht auf die Lebensdauer des Motors ganz verfehlt, durch Zusatz von irgendwelchen Stoffen die Explosionskraft des Benzins beträchtlich erhöhen zu wollen. Die vorhandenen Automobilmotoren wären dann für diesen Brennstoff nicht geeignet.

Wenn bei mehreren Versuchen mit Kampfer im Benzin tatsächlich Verbesserungen der motorischen Leistung und eine Erhöhung der Wagengeschwindigkeit festgestellt werden konnten, so ist dies auf gar keinen Fall dem Kampfer zuzuschreiben, sondern lediglich der größeren Menge Luft, die dem Verbrennungsgemisch zugeführt wurde. Denn wenn dieses zu wenig Luft (Sauerstoff der Luft) hat, kann es nicht vollkommen verbrennen und dadurch die höchstmögliche motorische Kraft leisten.

Es ist also nicht nötig, dem Benzin zur Erzielung einer vermeintlichen Mehrleistung des Motors Kampfer zuzusetzen. Nützen wir vielmehr das Benzin vollkommen aus, verwenden wir billigere Brennstoffe! Steuern wir der Brennstoffverschwendung der heutigen Vergaser! Führen wir Luft ins Gas, die nichts kostet, so erreichen wir damit nicht nur bessere motorische Leistungen und bedeutende finanzielle Ersparnisse, sondern vor allem auch eine gerade in der heutigen Zeit außerordentlich wichtige Streckung der Brennstoffvorräte des Landes, die im vaterländischen Interesse gar nicht hoch genug eingeschätzt werden kann.

Weiter versuchte man die Leistungsfähigkeit eines Brennstoffes dadurch zu steigern, daß man den zu seiner Verbrennung erforderlichen Sauerstoff nicht in Gestalt von Luft, sondern in Form von reinem Sauerstoff zuführte. An die Saugleitung des Motors wird eine Sauerstoffbombe so angeschlossen, daß der Motor anstatt eines Gemisches von Brennstoff und Luft ein solches von Brennstoff und Sauerstoff ansaugt. Hierdurch erreicht man, daß der sonst durch den indifferenten Luftstickstoff eingenommene Raum durch reaktionsfähiges Explosionsgemisch ausgefüllt werden kann. Dieses Verfahren ist jedoch umständlich, es ist dabei auch der Preis des Sauerstoffes gegenüber der kostenlos zur Verfügung stehenden Luft sowie das Gewicht der Stahlbombe in Betracht zu ziehen, und der Motor leidet durch die entstehenden außergewöhnlich hohen Temperaturen.

Schließlich wurde auch versucht, die Leistungsfähigkeit der Motoren dadurch zu erhöhen, daß man dem Benzin Pikrinsäure zusetzte, ein Auskunftsmittel, das schon bei dem in Deutschland im Jahre 1904 abgehaltenen Gordon-Bennet-Rennen bekannt war. In weiterer Verfolgung dieses Gedankens gelangte man dann dazu, die Explosionsfähigkeit von energieärmeren Brennstoffen, z. B. Spiritus, und von Brennstoffmischungen, z. B. Benzol und Petroleum, durch Zusatz von Explosivstoffen bzw. stark Sauerstoff abgebenden Mitteln zu erhöhen. Auf diese Weise läßt sich eine außerordentlich große Anzahl von Brennstoffmischungen herstellen. Roth gibt z. B. in seinen Patentschriften folgende Rezepte hierfür an:

1. 98 T. Spiritus 90 proz., 2 T. Methylnitrat oder Äthylnitrat.
2. 85 T. Spiritus 88 proz., 13 T. Methylalkohol (Holzgeist), 2 T. Nitroglyzerin.
3. 68 T. Holzgeist, 30 T. Spiritus 88 proz., 1,5 T. Dinitrobenzol, 0,5 T. Dinitrozellulose.
4. 64 T. Spiritus 88 proz., 25 T. Benzol, 10 T. Benzin oder Petroleum, 1 T. Äthylnitrat.
5. 80 T. Spiritus 88 proz., 20 T. Ammoniumnitrat.
6. 20 T. Petroleum, 23 T. Benzin, 30 T. Benzol, 23 T. Spiritus 89 proz. denaturiert, 3 T. Ammoniumnitrat, 1 T. Dinitronaphthalin.
7. 80 T. Spiritus 85 proz., 14 T. Fuselöl, 5 T. Ammoniumnitrat, 1 T. Nitronaphthol.
8. 60 T. Spiritus 85 proz., 20 T. Benzol, 10 T. Petroleum oder Benzin, 2 T. Dinitrobenzol oder Dinitrotoluol, 8 T. Ammoniumnitrat.
9. 65 T. Spiritus 90 proz., 20 T. Benzol, 10 T. Petroleum, 3 T. Ammoniumnitrat, 2 T. Pikrinsäure.
10. 85 T. Spiritus 90 proz., 10 T. Holzgeist, 3 T. Ammoniumnitrat, 2 T. Nitroglyzerin.
11. 75 T. Holzgeist, 20 T. Spiritus 90 proz., 3 T. Ammoniumnitrat, 1,5 T. Nitronaphthalin, 0,5 T. Dinitrozellulose.

Gegen die Verwendung derartiger Nitroverbindungen ist, auch abgesehen von ihrer Gefährlichkeit als Explosivstoffe, folgendes einzuwenden: Der Charakter der Brennstoff-Luftgemische wird schon durch die kleinste Beimengung eines Explosivstoffes von Grund auf geändert. Selbst ein bei gewöhnlicher Zündung langsam und weich verbrennendes Gemisch explodiert dann kurz und scharf. Wenn der Motor eine sehr hohe Tourenzahl hat, tut ihm diese stoßweise Verbrennung nicht viel, weil der Kolben eine genügend große Geschwindigkeit besitzt, um der Explosionswelle wenigstens einigermaßen Folge leisten zu können. Anders ist die Sache dagegen beim Anfahren eines Motors mit einem solchen Gemisch. Bei der ersten Explosion hat der Motor eine außerordentliche Beanspruchung auszuhalten, und diese Überanstrengungen können leicht Zerstörungen im Gefolge haben. Und ferner entwickeln sich bei der Explosion größere Mengen nitroser Gase, die die Motoren stark angreifen.

Als noch bedenklicher muß aber ein Zusatz bezeichnet werden, den Mohr festzustellen Gelegenheit hatte: Dem Spiritus waren etwa 0,5% Ammoniumperchlorat zugesetzt. Bei der Explosion tritt freies Chlor und Chlorwasserstoff auf, Stoffe, die den Motor in kurzer Zeit schwer schädigen müssen.

Anschließend hieran sei auch noch erwähnt, daß neben derartigen Nitroverbindungen auch die Anwendung von Azetylen empfohlen wurde. Man suchte durch Einleiten von Azetylen in den Vergaser das Anspringen des Motors zu erleichtern, und Roth ließ sich die Zumischung von Azetylen zu beliebigen Brennstoffen patentieren. Gegen die Anwendung dieses Gases spricht außer der Gefahr des Verrußens des Motors insbesondere auch seine große Explosivität.

IX. Abhängigkeit der Konstruktion der Vergaser von der Beschaffenheit der Treibmittel.

Nach der Besprechung der Treibmittel sollen nun die Abänderungen kurz beschrieben werden, die nach den bisher mitgeteilten Erfahrungen durch die Verwendung der genannten Stoffe an der maschinellen Einrichtung der Motoren angebracht werden müssen. Es ist selbstverständlich, daß hier zunächst an die Art der Erzeugung des Treibmittelluftgemisches zu denken ist. Dieses Gemisch wird bekanntlich durch den Vergaser erzeugt, und wir müssen uns daher zunächst mit der Konstruktion dieses wichtigen Bestandteiles kurz beschäftigen.

Man kann im allgemeinen dreierlei Vergaser unterscheiden[1]): die Oberflächenvergaser, wie sie lange Zeit ausschließlich beim

[1]) Siehe Engler-Höfer, Das Erdöl, 4. Bd., S. 521, wo die verschiedenen Arten der Vergaser durch Abbildungen veranschaulicht sind.

Benzin verwendet wurden, dann die Verdampfer, und endlich die Spritzdüsenvergaser, Einspritzvergaser oder Zerstäuber.

Der leichten Verdunstung des Brennstoffes Benzin waren die Oberflächenvergaser angepaßt, in denen die Verbrennungsluft entweder durch den flüssigen Brennstoff hindurchgeleitet wurde oder nur mit dessen Oberfläche in Berührung kam. Die mit den Benzindämpfen geschwängerte atmosphärische Luft gelangte dann in den Zylinder, wurde komprimiert und durch eine Zündflamme, später durch das Glührohr und in der Folge durch den elektrischen Funken entzündet.

Um auch die weniger flüchtigen Brennstoffe, Erdöl, Petroleum, Paraffin, Alkohol usw.. verwenden zu können, schritt man zur Konstruktion der sog. Verdampfer, in denen man den Brennstoff durch eine besondere Heizvorrichtung oder durch die heißen Auspuffgase zum Verdampfen brachte und diese Dämpfe dann mit der Verbrennungsluft mischte.

Die größte Verbreitung haben die Spritzdrüsenvergaser (Zerstäubungsvergaser, Einspritzvergaser) gewonnen, und sind diese heute fast ausschließlich für Kraftfahrzeugmotoren in Verwendung. Die Wirkungsweise dieser Vergaser besteht im wesentlichen darin, daß in dem vom Motor angesaugten Luftstrom eine oder mehrere Brennstoffdüsen, d. h. Röhren mit feiner Bohrung eingelegt sind, in denen der Brennstoff dauernd in gewisser Höhe steht, ohne unter normalen Verhältnissen frei ausfließen zu können. Der Flüssigkeitsstand in diesen Brennstoffdüsen wird durch eine besondere Schwimmereinrichtung geregelt, die unter Einwirkung des atmosphärischen Luftdruckes steht. Wird nun im Ansaugerohr für die Verbrennungsluft durch den Gang der Maschine ein Unterdruck erzeugt, so teilt sich dieser auch der Brennstoffdüsenausmündung mit, und der Brennstoff wird demzufolge aus den Düsen in feinem Strahle austreten und durch die Verbrennungsluft fein zerstäubt dem Motor zugeführt. Das Mischungsverhältnis zwischen Luft und Brennstoff hängt von der Bohrung der Brennstoffdüsen und der Luftgeschwindigkeit im Ansaugerohr für die Verbrennungsluft unmittelbar am Sitz der Brennstoffdüsen, also vom Durchmesser der sog. Luftdüse, ab. Die Regelung oder Einstellung eines Vergasers wird sich also unter gegebenen Verhältnissen im wesentlichen um die richtige Bemessung der Weite der Brennstoffdüsen und derjenigen der Luftdüsen drehen.

Nach Hempel[1]) sind zur Zeit die meisten Vergaser der Automobile so eingerichtet, daß das Verhältnis der eingesaugten Luft zum Benzin nicht beliebig verändert werden kann. Hieraus erklärt sich die Tatsache, daß sehr viele Automobile das Benzin nur unvollständig verbrennen, was man leicht daraus erkennen kann, daß die Auspuffgase stark riechen, während sie bei vollständiger Verbrennung ganz geruchlos sein müßten. Bei dem von Meißner erfundenen Lymavergaser, der durch die Firma Lyma, Dietz & Co., Dresden, in den Handel gebracht wird, ist diesem Übelstand abgeholfen, indem die Zuführungsdüse für das Brennmaterial im Innern einen verstellbaren gerieften Stift enthält, der, mittels einer Schraube verstellbar, die Öffnung der Zufuhrdüse für das Brennmaterial beliebig zu verengern und zu erweitern gestattet.

Ähnlich äußert sich auch Kieffer: Bei den älteren und sehr einfachen Vergasern beträgt die Brennstoffausnützung von Benzin höchstens 20—23% und bei den heutigen besten Vergasern im günstigsten Falle auch nur 30%, deshalb, weil der größte Teil als Verbrennungszwischenprodukte, als Rauch, Ruß und Kohle, verloren geht. Besonders bei den unwirtschaftlichen Vergasern älterer Systeme, die $^1/_3$ bis $^1/_2$ mehr Benzin verbrauchen als die jetzt als die besten anerkannten, mit denen weitaus die größte Mehrzahl der heutigen Wagen versehen ist, lassen sich ganz außerordentlich große Benzinersparnisse erzielen. Die Ursache, weshalb der größte Teil des Benzins unausgenützt als Verbrennungszwischenprodukte die Motorzylinder verläßt, liegt darin, daß das Gasgemisch zu wenig Luft hat, um vollkommen verbrennen zu können und dadurch die höchstmögliche motorische Kraft zu leisten. Denn die Verbrennungszwischenprodukte drücken die Explosionsgeschwindigkeit (die ungefähr 2,5 m in der Sekunde beträgt) und damit die Kraft des Motors ganz bedeutend herunter. Es ist bekannt, daß ein Motor im Verhältnis um so weniger leistet, je mehr Benzin er verbraucht. Nach der chemischen Formel muß aber stets alles Benzin vollkommen verbrennen, wenn es mit genügenden Mengen Luft innig vermischt ist, was nicht nur die denkbar beste Ausbeute, sondern auch die größte Benzinersparnis ergeben muß.

Es ist jedoch eine Eigenart des Benzinmotors, daß der Ver-

---

[1]) Zeitschr. f. angew. Chem. 1914, S. 521.

gaser nur engbegrenzte Mengen Luft vertragen kann und bei dem Versuche, ihm mehr Luft zu geben oder kleinere Düsen einzusetzen, völlig versagt. Es kann sich also nur darum handeln, ob und unter welchen Bedingungen es möglich ist, unabhängig vom Vergasungsprozeß dem Benzingas in geeigneter Weise so viel Luft zuzusetzen, als es zur vollkommenen Verbrennung braucht, damit die Bildung der schädlichen Verbrennungszwischenprodukte tatsächlich ausgeschaltet wird.

Nach längeren Versuchen ist es gelungen, ein geeignetes Ventil zu konstruieren, das den vielseitigen Anforderungen völlig entspricht, und mit dem es in der einfachsten Weise möglich ist, dem Benzin stets noch so viel Luft zuzusetzen und es innig damit zu vermischen, daß dadurch jeweils alles in den Motorzylindern bei der Explosion enthaltene Benzin vollkommen verbrennen muß.

Bei den mit so ausgestatteten Automobilen angestellten Versuchsfahrten stellten sich ganz überraschend günstige Ergebnisse ein. Es wurde dabei ein Vergaser verwendet, der bei bester Einstellung 20 l Benzin für 100 km Fahrstrecke verbrauchte. Bei Anwendung des Luftzusatzventiles entwickelte sich der Motor nicht nur viel rascher, sondern er leistete auch merklich höhere Kraft, so daß Steigungen, die vorher mit dem dritten Gang befahren werden mußten, jetzt mit der vierten Übersetzung genommen werden konnten. Die Wagengeschwindigkeit stieg bei gleichen Voraussetzungen um rund 10%, was einerseits auf eine Erhöhung der Explosionsgeschwindigkeit, andererseits auf die raschere Füllungsmöglichkeit der Motorzylinder durch die Vergrößerung des sonst durch die Drossel sehr verengten Gaszufuhrquerschnittes zurückzuführen ist. Ferner ging der Benzinverbrauch auf 11 l = 7,9 kg für 100 km zurück, was eine Ersparnis von 45% bedeutet; die Auspuffgase waren rauch- und geruchlos.

Nach diesen überaus günstigen Ergebnissen wurden die Versuche auch auf das so verschiedenartig beurteilte Benzol ausgedehnt, von dem der Motor ursprünglich 19 l auf 100 km verbrauchte, wobei sich noch, trotz bester Vergasereinstellung, etwas Rußansatz an den Zündkerzen zeigte. Beim Gebrauch des Luftzusatzventils jedoch ging der Verbrauch gleichfalls auf 11 l für 100 km zurück, der Motor leistete sichtlich mehr Kraft und brachte den Wagen auf größere Geschwindigkeit. Die Kerzen und das Innere des Motors zeigten nicht den geringsten Ansatz von Ruß oder Kohle; die Auspuffgase waren unsichtbar und hatten den süßlichen Benzolgeruch fast verloren.

Schließlich konnte auch das steuerermäßigte, sehr billige Schwerbenzin mit einem spez. Gewichte von 750/60 bei Gebrauch des Luftzusatzventils völlig einwandfrei verwendet werden, was ohne letzteres unmöglich war, da Kerzen und Motor rasch bis zur Betriebsunmöglichkeit verschmutzten. Der Verbrauch stellte sich auf $10^1/_2$ l = 7,9 kg für 100 km. Weder Zündkerzen noch Motorteile zeigten nunmehr den geringsten Ansatz von Ruß; der Motor leistete höhere Kraft als je zuvor, die Wagengeschwindigkeit war wiederum erheblich größer. Die Explosionsschläge waren außerordentlich laut, die Auspuffgase rauch- und geruchlos. Der Vergaser reagierte bei geringer Luftvorwärmung selbst bei Temperaturen von — 10° C einwandfrei, und trotz langer Ansaugeleitung hatte die Zugabe der 10° kalten Winterluft nur Vorteile im Gefolge. Es konnten weder Fehlzündungen noch Brennstoffniederschläge in der Ansaugeleitung beobachtet werden.

Gleich günstige Ergebnisse wurden auch bei einer großen Reihe weiterer Versuche erzielt, auch mit Autodroschken, Lieferungs- und Lastwagen. Ein weiterer Vorzug liegt darin, daß der Wagen durch das Luftzusatzventil eine dritte, nie versagende Bremse erhält, da bei einfachster Betätigung desselben der Motor in einen Luftkompressor verwandelt werden kann, der als Bremsmittel für den Wagen benützt wird. Dadurch wird eine äußerst energische Dauerbremsung ermöglicht, die es nicht nur erlaubt, Gefälle bis 20% ohne Anwendung der beiden anderen Bremseinrichtungen anstandslos zu befahren, sondern die auch die Bereifung schont. Ein Verölen von Motor oder Zündkerzen ist dabei ganz unmöglich.

Nach Dieterich[1]) ist auch bei Verwendung von Benzin sehr wohl eine Verbilligung oder bei Benzol ein Feststehen des Preises dadurch zu erreichen, daß wir neben den jetzt fast ausschließlich gebrauchten Fraktionen von leichtem spez. Gewicht auch die viel billigeren Schwerbenzine gebrauchen. Es ist somit eine weitere dankbare Aufgabe der Konstrukteure, solche Vergaser herzustellen, die, wie z. B. der Lymavergaser, alle Betriebsstoffe vergasen, also verstellbare Schwimmernadeln mit regulierbarer Düse aufweisen;

[1]) Motorwagen-Ver. 1912, Nr. 19, 1913, Nr. 10.

es können dann, vom Leichtbenzin bis zum Benzol und Schwerbenzin hinauf, alle Betriebsstoffe Verwendung finden. Die Verbilligung der Betriebsstoffe wird also am besten auf dem Wege über die Vergaser erreicht. Je mehr verschiedenartige Betriebsstoffe unsere Vergaser rationell verabeiten können, um so mehr wird Konkurrenz unter den Betriebsstoffen geschaffen und einer Verteuerung entgegengearbeitet.

Diesen Vorschlägen entsprechen die erfolgreichen Versuche von Fuchs und Goth, über die Gerber berichtete[1]): Gegenstand der Erfindung ist ein Verfahren und eine Vorrichtung zur Verdampfung von flüssigen Brennstoffen für Verbrennungskraftmaschinen. Die Erfindung eignet sich für flüssige Brennstoffe aller Art und bietet insbesondere bei spezifisch schweren, schwerflüchtigen Brennstoffen die bisher nicht erreichte Wirkung, daß zur Verdampfung derselben fremde Heizquellen nicht herangezogen werden müssen. Die zur Erlangung eines gleichmäßigen Verbrennungsgemisches nötige Erwärmung der Luft und des Brennstoffes erfolgt bei diesem Verfahren beim Durchleiten über die von Auspuffgasen erhitzten Kontaktsubstanzen, wobei die hocherhitzte Luft den Brennstoff verdampft. Das entstandene Gemisch wird durch weitere Kontaktsubstanzen homogenisiert und von etwa mitgerissenen Flüssigkeitsteilen befreit, so daß in die Zylinder nur ein vollkommen gleichmäßiges Verbrennungsgemisch gelangen kann. Bei Anwendung dieses Verfahrens für schwere Betriebsmittel (Schwerbenzin, Petroleum usw.) ist das Anlassen und Vorwärmen des Motors durch einen leichtflüssigen Brennstoff (Leichtbenzin, Benzol) vorgesehen und zu diesem Zwecke neben dem Hauptreservoir ein kleinerer Behälter dafür angebracht. Die mit Schwerbenzin, Benzinrückstand und auch mit Petroleum vorgenommenen Betriebsversuche befriedigten vollkommen. Der Motor lief gleichmäßig, die Verbrennung erfolgte geruchlos und ohne Rußbildung. Der Verbrauch an Petroleum wurde bei einem liegenden Benzinmotor nach müheloser, einfacher Adaptierung mit nur 280 g pro Pferdekraftstunde ermittelt, gegen einen solchen von 350 g bei Verwendung von 740er Benzin. Demnach käme selbst bei normalen Zeiten und Preisen der Betrieb mit Petroleum kaum halb so teuer als mit Benzin.

[1]) Zeitschr. f. angew. Chem. **27**, S. 562.

Auch die Verwendung von Spiritus ist, wie schon erwähnt, lediglich eine Vergaserfrage[1]), und hier ist als feststehender Grundsatz zu betrachten, daß im allgemeinen die Verwendung von Spiritus eine Erweiterung der Düse und eine Verminderung der Luftzufuhr notwendig macht. Daneben kann sich eine geringe Belastung des im Vergaser befindlichen Schwimmers als zweckmäßig erweisen. Ferner ist für eine gute Vorwärmung der zum Vergaser geleiteten Haupt- und Zusatzluft zu sorgen.

Bezüglich der hauptsächlich vorkommenden Vergaser wurde folgendes festgestellt:

a) Als Brennstoff für Kraftwagen ist grundsätzlich Spiritus von 95 Vol.-Proz. zu verwenden. Solcher von weniger Vol.-Proz. ist deshalb weniger geeignet, weil infolge des größeren Wassergehaltes die Gase einen größeren Feuchtigkeitsgehalt besitzen und daher leichter kondensieren.

b) Im allgemeinen sind alle Arten Vergaser, die sich an den Kraftwagen befinden, zum Betrieb mit Spiritus von 95 Proz.-Vol. geeignet, wenn diese im kalten Zustande des Vergasers mit einer geringen Menge Benzin angelassen werden. Dieses Anlassen mit Benzin erfolgt in der Weise, daß entweder in die Kompressionshähne oder in den Vergaser eine ganz geringe Menge Benzin gegeben wird. Beim Andrehen des Motors springt dieser dann ohne weiteres mit 95 Vol.-Proz. Spiritus an.

Ganz übereinstimmend hiermit sagt auch Barth[2]), daß Spiritusmotoren nicht ohne Benzin anspringen, die dazu erforderliche Menge jedoch nur gering ist, da der Motor schon nach wenigen Umdrehungen auf Spiritusbetrieb umgeschaltet werden kann. Man braucht zu diesem Zwecke nur das an den meisten Motoren vorhandene Anlaßgefäß vor der Inbetriebsetzung des Motors mit Benzin aufzufüllen. Wo zum Anlassen kein Benzin vorhanden ist, genügt es in vielen Fällen, wenn vor der Inbetriebsetzung des Motors der Zünddeckel gut angewärmt wird, indem man ihn beispielweise einige Zeit auf den Ofen legt. Nötigenfalls kann man hierbei noch in der Weise nachhelfen, daß man in die Kühlräume des Zylinderkopfes heißes Wasser einfüllt.

---

[1]) Zeitschr. f. Spiritus-Industrie, 37. Jahrg., Nr. 35, S. 442.

[2]) Techn. Rundschau, 20. Jahrg., Nr. 40, S. 470.

Ebenso gibt auch Dieterich[1]) die seiner Ansicht nach notwendigen Abänderungen an, die bei Spiritusbetrieb an den Motoren vorgenommen werden müssen. Soll ein Motor mit Spiritus ohne Änderung betrieben werden, so muß man einen mit mindestens ein Drittel, wenn nicht mehr Benzin oder Benzol vermischten Spiritus anwenden und wenigstens die Düse vergrößern. Ein Motor, der mit Spiritus betrieben werden soll, muß vor allen Dingen eine höhere Kompression haben, was sich natürlich bei unseren üblichen Motoren nicht ohne weiteres umändern läßt; wohl aber läßt sich der Vergaser umändern und alle diejenigen Maßnahmen treffen, die der schweren Vergasung und dem hohen spez. Gewicht Rechnung tragen. Vor allen Dingen ist eine Erweiterung der Düse notwendig; ferner sind alle diejenigen Öffnungen, die Luft zuführen, zu verschließen, weiterhin ist die Vorwärmung zu vergrößern, insbesondere dadurch, daß man alle Vorwärmungsrohre mit isolierenden Materialien, Asbestschnur usw., umwickelt und so mehr Wärme zuführt bzw. sie aufspeichert. Weiterhin ist es notwendig, den Schwimmer zu beschweren, da es sich um ein spezifisch schwereres Material handelt. Damit sind aber, wie gesagt, die Maßnahmen noch nicht erschöpft, da die Konstruktionen der einzelnen Vergaser außerordentlich verschieden sind.

Nach Dieterichs Erfahrungen eignen sich alle diejenigen Vergaser, die eine verstellbare Düse und einen verstellbaren Schwimmer haben, wie der Lymavergaser, wenigstens bei kleineren Wagen ohne weiteres für den Spiritusbetrieb, wenn man auch hier besser einen Teil der Zusatzluft wegnimmt, für eine recht intensive Vorwärmung des Gasgemisches sorgt und die Düse entsprechend vergrößert. In der heißen Jahreszeit lassen sich beim Spiritusbetrieb die Motoren in vielen Fällen leicht andrehen, in den meisten Fällen muß aber in die Kompressionshähne Benzin, Äther oder Petroleum eingespritzt werden, wenn man sich nicht eine Vorrichtung anbringen läßt, die gestattet, mit Benzin anzuwerfen und dann erst auf Spiritus umzuschalten. Für den Winter sind solche Vorrichtungen unerläßlich.

Sobald ferner der Nachweis der Verwendbarkeit des Benzols als Betriebsstoff für Motorfahrzeuge erbracht worden war, erfolgte vom deutschen Kriegsministerium im Jahre 1913 die Aus-

[1]) Auto-Liga 1914, Nr. 18.

schreibung eines Wettbewerbes für Benzolvergaser[1]). Bei der Anfang 1914 stattgefundenen Prüfung wurden folgende vier Vergaser preisgekrönt: Pallas-, Zenith-, Farewell- und der Vergaser der Adlerwerke. Diese Prüfungen ergaben, daß das Benzol ohne weiteres als Brennstoff für Motorfahrzeuge verwendet werden kann, und die Tatsache, daß die meisten Automobilfirmen neuerdings dieselben Vergaser sowohl für Benzin- als auch Benzolbetrieb liefern, ist ein Beweis, daß ein wesentlicher Unterschied in der Konstruktion von Benzin- und Benzolvergasern nicht besteht. Für die Bewertung der Vergaser bei dem genannten Wettbewerbe kam neben dem Verbrauch an Benzol von 0,88 spez. Gewicht, der Leistung und Regelbarkeit der Maschine, der zum Andrehen erforderlichen Zeit, der Geruch- und Rauchfreiheit des Auspuffes und der Zugänglichkeit der Teile auch die Leichtigkeit, den Vergaser für Betrieb mit Benzin von 0,72—0,726 spez. Gewicht einzustellen, in Betracht.

Der Zenith-Vergaser, der einen ersten Preis erhielt, zeigt folgende Einrichtung: In dem mit einer Drosselklappe versehenen Mischraum des Vergasers befindet sich neben einer inneren Düse, die mit dem Schwimmergehäuse verbunden ist, eine konzentrisch dazu liegende Hilfsdüse, die ihren Brennstoff von einem besonderen Rohr bezieht. Diese Hilfsdüse hat den Zweck, bei Leerlauf, wenn kein genügend starker Unterdruck vorhanden ist, und beim Anlassen genügend Brennstoff für den Betrieb des Motors zur Verfügung zu haben.

Der Pallas-Vergaser hat einen konzentrisch zum Mischraum angeordneten Schwimmer und ein schräg in den Mischraum eingeschraubtes Düsenrohr, das außer der Hauptdüse auch eine Nebendüse für die Brennstoffzufuhr beim Anlassen oder für die Zufuhr von Brennluft, ähnlich wie beim Zenith-Vergaser, bei schnellem Lauf der Maschine enthält.

Auch der Farewell-Vergaser von Prerauer & Heinrich enthält zwei Düsen, wovon die Hilfsdüse mit dem Schwimmerbehälter und außerdem mit einem offenen Hilfsbrennstoffbehälter verbunden ist.

Bei dem Vergaser der Adlerwerke sind dagegen Haupt- und Hilfsdüse vollständig getrennt. Die Hauptdüse arbeitet mit

[1]) Allgem. Automobil-Zeitung, 21. März 1914.

einem selbsttätigen Zulaufventil mit Flüssigkeitsbremse, und die Hilfsdüse wird aus einem Behälter gespeist, der an das Saugrohr angeschlossen ist, also mit wesentlich kleinerem Unterdruck arbeitet als die Hauptdüse.

Wie dies von Löw ausführt, ist der Grund, warum man beim Übergang vom Benzin- zum Benzolbetrieb in der Regel gar nichts am Vergaser zu ändern braucht, daß sich verschiedene Eigenschaften des Benzols in ihrer Wirkung aufheben. Benzol braucht nämlich zu seiner Verbrennung mehr Luft als Benzin, da aber infolge seines höheren spez. Gewichtes der Schwimmer früher abschließt, so tritt auch weniger Brennstoff aus der Düse aus, und die Mischung wird so von selbst luftreicher als bei Benzin. Der reine Benzolbetrieb ist ohne Änderung des Vergasers wesentlich vorteilhafter als der Benzinbetrieb, da der Brennstoffverbrauch geringer und die Elastizität des Motors eine viel höhere ist.

Um den großen Bedarf an Brennstoffen für Motorfahrzeuge und namentlich der Heeres- und Marineverwaltung zu decken, reicht das Benzol nicht aus. Es ist daher zu verwundern, daß man sich in Deutschland noch nicht zur Einführung des Naphthalinbetriebes entschließen kann, da verschiedene Versuche damit, namentlich in Frankreich, die besten Erfolge gezeitigt haben.

Bei Versuchen des französischen Automobilklubs[1]) mit einem Motor von 140 mm Zylinderdurchmesser und 200 mm Hub, der mit einem Naphthalinvergaser von Bruneau ausgestattet war, wurden während eines fünfstündigen Dauerbetriebes mit 595 Umdr./Min. 8 PS.-Leistung erzielt. Hierbei arbeitete die Maschine sehr regelmäßig und ohne Überwachung. Das Anlassen mit Benzin erforderte rund 10 Minuten, wobei insgesamt 0,445 kg Benzin verbraucht wurden. Im Dauerbetrieb betrug der Naphthalinverbrauch 0,342 kg/PS.-St., der Ölverbrauch 0,0265 kg/PS.-St. Auch bei einem rund $3^3/_4$ stündigen Versuch mit halber Belastung arbeitete die Maschine bei 558 Umdr./Min. und 3,2 PS.-Leistung sehr regelmäßig, wobei sie 0,495 kg/PS.-Std. gebrauchte. Bei Leerlauf mit 606 Umdr./Min. und ebenfalls sehr regelmäßigem

[1]) Memoires et compts rendu des traveaux de la Société des Ingenieurs civils de France, Oktober 1912.

Arbeiten wurden 1,465 kg/Std. verbraucht. Die Abgasanalysen ergaben, daß die Maschine mit 6,5% Luftüberschuß arbeitete.

Bei weiteren Versuchen[1]) wurde der Naphthalinvergaser Bauart Noel verwendet. Die Versuchsmaschine besaß zwei Zylinder und gab bei 102 mm Zylinderdurchmesser und 120 mm Hub eine effektive Leistung von 12 PS. ab. Bei 104,5 km Gesamtweg mit 34,4 km/Std. mittlerer und 42,3 km/Std. Höchstgeschwindigkeit wurden insgesamt 14,996 kg, d. h. 0,142 kg/km Naphthalin verbraucht, was bei einem Preise von rund 10 Pf./kg einer Ausgabe von 1,42 Pf./km entsprechen würde, gegenüber 4 Pf./km bei Benzinbetrieb. Beim Anlassen aus dem kalten Zustande konnte nach 13 Min. 37 Sek. vom Benzinbetrieb auf Betrieb mit Naphthalin übergegangen werden, obgleich noch nicht der ganze Inhalt des Naphthalinbehälters geschmolzen war. Nach einem Aufenthalt von 10 Minuten ließ sich die Maschine ohne weiteres wieder mit Naphthalin ankurbeln und nach einem Aufenthalt von 16 Min. ebenfalls, wenn vorher Benzin in die Zylinder eingespritzt wurde. Auch der sonstige Fahrzeugbetrieb bereitete keine besonderen Schwierigkeiten. Der Auspuff war fast rauchfrei, und bei der Untersuchung der auseinandergenommenen Maschine wurden keinerlei Verunreinigungen an den Zylindern oder Kolben und Ventilen gefunden.

Auch Versuche der Gasmotorenfabrik Deutz haben, wie schon erwähnt, den Nachweis der Verwendungsfähigkeit des Naphthalins für den Betrieb von Motorfahrzeugen erbracht.

Es seien schließlich hier auch noch einige Äußerungen von von Löw, der mit allem Nachdrucke für die Verwendung von Inlandsbrennstoffen eintritt, angeführt.

Zur Verwendung inländischer Brennstoffe können zwei Wege beschritten werden: 1. Anpassung der Brennstoffe durch Mischung, wobei Motor und Vergaser unverändert bleiben, und 2. Motoranpassung und Vergasereinregelung für einen bestimmten Brennstoff. Beide Wege führen zu gut brauchbaren Ergebnissen, und es ist wirklich bedauerlich, daß es Firmen gibt, die noch behaupten, ihre Wagen könnten mit den jetzigen Brennstoffmischungen nicht so gut arbeiten wie mit Benzin. Dieser Glaube ist ein Irrtum, der bei etwas sorgfältigerer Arbeit vollkommen beseitigt werden

---

[1]) Le Poids Lourd, 9. Mai 1913.

könnte. Man braucht nur einige kleine Vervollkommnungen, die von jedem Mechaniker ausgeführt werden können, vorzunehmen, um mit Inlandsbrennstoffen genau so schnell und noch wirtschaftlicher als mit Benzin fahren zu können.

Der Zerstäubungs- oder Einspritzvergaser mußte den Benzinmotor zum Fall bringen. Wie schon gesagt, hatten die älteren Benzinmotoren Oberflächenvergaser. Diese aber litten an dem Übelstand, daß die leicht flüchtigen, oben befindlichen Teile des Brennstoffes zuerst vergasten und ein sehr gutes Gemisch bildeten, während die schweren Bestandteile zurückblieben und schließlich manchmal Reste bildeten, die sich überhaupt nicht mehr verflüchtigten. Man ist daher heute durchweg zu einer künstlichen Zerstäubung des Brennstoffes übergegangen dadurch, daß man in unseren heutigen Einspritzvergasern den Brennstoff aus einer Düse ausspritzen läßt, so daß er sich nach dem Austritt fein zerstäubt und mit der vorbeistreichenden Luft mischt. Auf diesem Wege lassen sich natürlich nicht nur die schwer flüchtigen Bestandteile des Benzins verarbeiten, die im Oberflächenvergaser nicht mehr verdunsten, sondern auch jeder andere flüssige Stoff, der mit Luft ein explosibles Gemisch bildet. Notwendig ist daher nur, die Luftmenge und die Öffnung der Spritzdüse den Eigenarten des neuen Brennstoffes (anderem spez. Gewicht, geringerem Energieinhalt usw.) anzupassen.

Nachdem nicht nur die modernen Vergaser, sondern auch manche ältere Vergaser gut mit Brennstoffen arbeiten, für die sie ursprünglich gar nicht bestimmt waren, sind wir zu der Hoffnung berechtigt, daß wir bald noch mit allen möglichen anderen Brennstoffen fahren werden, die seither nur für ortsfeste Explosionsmotoren verwendet wurden. Der Verschwendung der teueren, bisher fast ausschließlich zum Automobilbetrieb benützten Brennstoffe wird der Krieg — auch für die Zukunft — ein Ende machen; wir sind auf dem Wege zu billigeren Brennstoffen.

Die vielen Bedenken, die man gegen die Verwendung der inländischen Brennstoffe ins Feld führt — Verrußen bei Benzol, Verrosten bei Spiritus — treten bei guten Wagen nicht auf. Sie werden nur von minderwertigen Firmen verbreitet, die jede Störung dem neuen Brennstoff in die Schuhe schieben wollen. Auch hat seither der Handel mit dem ausländischen Benzin kein Mittel gescheut, die inländischen Brennstoffe zu bekämpfen.

Unsere guten Fabriken haben durch Verbesserung des Kompressionsraumes ihre Motore dahin gebracht, daß sie mit Inlandsbrennstoffen schon ohne weiteres besser arbeiteten, als mit Benzin. Die weniger guten möchten lieber bei dem Benzin bleiben, denn ihre Wagen arbeiten mit Benzol und Spiritus schlecht, aber natürlich auch mit Benzin schlechter als die Fabrikate der guten Firmen; deshalb kann man auf sie keine Rücksicht nehmen. Eine Rückkehr zum ausländischen Benzin würde eine allmähliche Preissteigerung zur Folge haben, während der Wettstreit unserer inländischen Brennstoffe gegeneinander notwendigerweise eine Verminderung der Brennstoffpreise mit sich bringen würde. Die Inlandsbrennstoffe sind in reichlicher Menge vorhanden, Benzin gibt es aber selbst im Ausland nicht genügend; es würde daher immer mehr mit schweren Bestandteilen der Erdöle vermischt werden. Durch diese schweren Bestandteile würde die Verbrennung eine immer unvollkommenere, der Geruch der Automobile ein immer lästigerer und der Brennstoff sich mehr und mehr dem Petroleum nähern. Petroleummotoren haben nur noch Berechtigung in der Form der Dieselmotoren. Es ist aber viel einfacher, wenn die wenigen noch rückständigen Firmen ihre Motoren vervollkommnen, so daß sie mit den Inlandsbrennstoffen gut arbeiten, als daß alle zum Bau von Dieselmotoren übergehen. Der Bau leichter Dieselmotoren für Fahrzeugbetrieb ist nicht einfach, aber es ist leicht, unsere heutigen Automobilmotoren alle so zu vervollkommnen, daß der Betrieb ein günstiger wird.

Für die weitere Verbreitung des Kraftwagens ist der Betrieb mit Inlandsbrennstoffen die erste Bedingung, denn diese werden infolge ihres Wettbewerbes untereinander billiger werden, das ausländische Benzin aber nach einem vorübergehenden Preisrückgang immer teuerer. Leider war bisher nur wenig bekannt, daß es technisch so leicht möglich ist, einen so vorteilhaften Betrieb mit den Inlandsbrennstoffen zu erreichen.

Donath erhielt zu Anfang des Jahres 1916 von einer größeren Reihe österreichischer Kraftfahrzeugfabriken Mitteilungen über die derzeit verwendeten Treibmittel[1]). Aus diesen ist ersichtlich, daß außer dem gewöhnlichen Benzin auch Schwerbenzin, Spiritus

---

[1]) Hierfür statte ich den betreffenden Werken hiermit meinen besten Dank ab. Donath.

und Benzol bereits bei einer größeren Anzahl von Kraftwagen in Verwendung war, ebenso Benzol mit 90grädigem Spiritus, und auch Mischungen von Schwerbenzin mit Petroleum und Benzol wurden ohne Nachteil verwendet. Eine sehr bedeutende Maschinenfabrik in Prag teilte mit, daß Mischungen von 50% Spiritus und 50% Benzol oder von 50% Spiritus, 25% Benzol und 25% Schwerbenzin ohne Änderung des Vergasers, in einzelnen Fällen bei einer geringfügig vergrößerten Spritzdüse verwendet wurden, ohne daß dabei ein Kraftverlust zu ermitteln gewesen wäre. Bei Versuchen mit Petroleum ergab sich, daß eine Spezialkonstruktion zum intensiven Vorwärmen des Gemisches durch Führung rings um das Auspuffrohr durchzuführen sei, daß man aber mit einer zeitlichen Verunreinigung des Motors zu rechnen habe. Lösungen von Naphthalin in Benzol können durch Ausscheidung von Naphthalin die Leitungen verstopfen. Äther sei wegen seiner Kostspieligkeit nur als kleinprozentueller Zusatz zu Benzol zu benützen. — Zweifellos hat sich auch in Österreich die Anwendung von anderen Treibmitteln wie Benzin sehr bedeutend eingebürgert, und werden diese Treibmittel auch nach wieder normaler und sogar erhöhter Benzinproduktion eine Steigerung ihrer Verwendung erfahren.

X. Die Untersuchung der Treibmittel.

Wie aus vorstehendem ersichtlich ist, sind wir bezüglich der Treibmittel für unsere Kraftfahrzeuge so weit, daß wir nicht mehr unbedingt allein auf Benzin angewiesen sind, sondern daß unsere modernen Vergaser so ziemlich jeden Betriebsstoff zu verarbeiten gestatten, wenn wir den betreffenden neuen Betriebsstoff nur den veränderten Verhältnissen richtig anpassen. Hierzu ist aber in erster Linie nicht nur die chemische Untersuchung notwendig, sondern auch die Forderung, daß diese Motorbetriebsstoffe im Handel in Zukunft nur unter bestimmten Normen verkauft werden. Eine Forderung, die bei der Vielseitigkeit der modernen Handelsprodukte schon längst hätte aufgestellt werden müssen.

Der Benzin- und Benzolhandel war bisher Vertrauenssache, da die Motorbetriebsstoffe jetzt ebenso wie früher fast ausschließlich nur nach dem spez. Gewichte gehandelt werden. Dieses allein besagt aber nur sehr wenig, da man jedes beliebige mittlere spez. Gewicht durch Mischen von höheren und niedrigeren Fraktionen einstellen kann.

Eine eingehende Prüfung der Motorenbenzine und -benzole des Handels ist also heute zur Notwendigkeit geworden, wie eine Abzweigung und Spezialisierung der Motorenbenzine aus der Reihe der übrigen Benzine erforderlich ist. Endlich ist als dritte Forderung — das Endziel — anzustreben, in Zukunft Benzine und Benzole, wie Motorbetriebsstoffe nicht mehr nach dem spez. Gewicht allein, sondern nach chemisch-physikalischen Normen zu kaufen.

Eine exakte chemische und physikalische Untersuchung der Motorbetriebsmittel erfordert jedoch nicht nur ein entsprechend eingerichtetes Laboratorium, sondern auch die nötige Vertrautheit mit derartigen Arbeiten[1]), kann also nicht ohne weiteres von jedem Motorfahrer durchgeführt werden. Eine solche Prüfung ist jedoch, wie gesagt, heute unbedingt notwendig geworden, nicht nur für den, der Motortreibmittel kauft und verkauft, sondern auch für alle die Betriebe, die größere Mengen dieser Treibmittel verbrauchen.

Es ist daher ein großes Verdienst von Privatdozent Dr. K. Dieterich, Direktor der chemischen Fabrik Helfenberg A.-G., gewissermaßen einen systematischen Weg zur Untersuchung der Motortreibmittel ausgearbeitet zu haben, der es auch dem Nichtchemiker ermöglicht, mit verhältnismäßig einfachen Mitteln sich ein Urteil über die genauere Beschaffenheit seiner Treibmittel zu bilden. Dieterich ist eben nicht nur Chemiker von Fach, sondern selbst Motorist und hat die Entwicklung des Kraftfahrzeugwesens, namentlich aber die seiner Betriebsmittel seit jeher mit kundigem Blicke verfolgt. Bei der Verläßlichkeit seiner Angaben und der Klarheit seiner Darstellung kann hier nichts besseres getan werden, als das wichtigste seiner Veröffentlichungen im folgenden dem Wortlaute nach wiederzugeben[1]). Es ist dies zumeist entnommen seiner Broschüre „Die Analyse und Wert-

---

[1]) Siehe Holde, Untersuchung der Kohlenwasserstoffe und Fette, Berlin 1913.

[1]) Mit besonderer Bewilligung des Verfassers, für die wir ihm auch an dieser Stelle unseren besten Dank sagen.

bestimmung der Motorenbenzine, -benzole und des Motorspiritus des Handels", Berlin 1915, sowie anderen Publikationen, die vor und nach dieser Broschüre erschienen, und ferner seiner neuesten Schrift „Die Unterscheidung und Prüfung der leichten Motorbetriebsstoffe und ihrer Kriegsersatzmittel", Berlin 1916.

Dieterich hat nun zuerst zur Unterscheidung von Benzin und Benzol und zum Nachweis von Benzol in Benzin eine neue Farbenreaktion ausfindig gemacht, die Dracorubinprobe. Er gewann nämlich aus dem Palmendrachenblut das darin enthaltene rote Harz in reinem Zustande und stellte durch Tränken von Filterpapier mit einer Lösung dieses von ihm Dracorubin genannten Produktes in Benzol ein dunkelrotes, lackartig aussehendes Reagenzpapier, das Dracorubinpapier, her. Dieses gibt an Normalbenzin, wie überhaupt an benzolfreie Leichtbenzine kalt nichts ab, während sich schon geringe Mengen von Benzol im Benzin durch eine mit dem Prozentgehalt zunehmende rosa bis rote Färbung sofort anzeigen. Je besser ein Benzin ist, je reiner und benzolfreier, desto ungefärbter bleibt die Flüssigkeit mit dem Dracorubinpapier, und je schlechter und verunreinigter das Benzin mit Benzol ist, desto mehr Farbstoff wird dem Dracorubinpapier entzogen. Umgekehrt ist es beim Benzol, bei dem die Farbe um so schöner blutrot wird, je reicher das betreffende Benzol an Benzol selbst ist. Das Dracorubinpapier ist also nicht nur zur Unterscheidung von Benzin und Benzol und zum Nachweis von Benzol in Benzin bestimmt, sondern gestattet auch eine Vorprüfung allgemeiner Art eines Motorbetriebsstoffes, insbesondere ein Urteil über Benzine, die um so wertvoller sind, je weniger Farbe sie mit Dracorubinpapier zeigen, je besser sie also raffiniert sind.

Im übrigen wurden bei der Untersuchung einer großen Anzahl von Motorbetriebsstoffen folgende Bestimmungen durchgeführt:

1. Bestimmung des spez. Gewichtes.
2. Farbe, äußere Merkmale.
3. Geruchsprobe auf Filtrierpapier.
4. Zeitliche Verdunstungsprobe im Uhrglas.
5. Verhalten gegen Lackmus.
6. Farbreaktion mit Schwefelsäure (qualitativer und quantitativer Nachweis aromatischer Kohlenwasserstoffe und ungesättigter Verbindungen).

7. Benzolprobe mit Isatin-Schwefelsäure.
8. Benzolprobe durch Nitrierung mit Salpeter-Schwefelsäure.
9. Dracorubinprobe.
10. Silbernitratprobe.
11. Wasserprobe mit Kalziumkarbid.
12. Fraktionierte Destillation.
13. Bestimmung der Refraktometergrade.

Es ergab sich daraus folgendes:

Die von Dieterich vorgeschlagene Einteilung der Motorenbenzine sowie die Beurteilung eines Motorbetriebsstoffes auf Grund des gefundenen spez. Gewichtes wurde bereits auf Seite 32 mitgeteilt.

Beurteilung auf Grund der Geruchs- und Flüchtigkeitsprobe:

Gefundener Geruch und Flüssigkeit:	Betriebsstoff ist:
Geruchlos, bezw. reiner Geruch, vollkommen flüchtig	Gutes Motorenbenzin oder Motorenbenzol
Riechender Rückstand, nicht oder nur schwer flüchtig, unter Umständen Fettflecke auf Filterpapier gebend	Unreines Benzin, Schwerbenzin, Petroleum, unreines Benzol, Leuchtbenzol, Schwerbenzol oder Mischungen
Weiße, nach Brennspiritus (Pyridin) riechende Rückstände	Vergällter Motorspiritus

Wasserhaltiges Benzin und Benzol sowie stark wasserhaltiger Spiritus (Brennspiritus) hinterlassen Wassertropfen.

Beurteilung auf Grund der zeitlich bestimmten Verdunstungsgeschwindigkeit:

Verdunstungszeit von 10 ccm beträgt:	Betriebsstoff ist:
Viel weniger als 2 Stunden	Prima-Luxusbenzin (Klasse A)
Höchstens 2 bis $2^1/_2$ Stunden	Gutes Benzin, Leicht-, Mittelbenzin (Klasse A und B)
Mehr als $2^1/_2$ bis 3 Stunden und länger (schwer verdunstender Rückstand)	Schwerbenzin oder Mischungen von Leicht-, Mittel- und Schwerbenzin (Klasse C)
Höchstens $3^1/_2$ Stunden	Gutes Motorenbenzol (90er Handelsbenzol I)
Mehr als 4 Stunden	Schwerbenzol, Leuchtbenzol oder Mischungen mit diesem
Mehr als $4^1/_2$ bis 5 Stunden	Motorspiritus 95%

Bei Mischungen von Benzin und Benzol, Benzol und Spiritus usw. liegen je nach dem Mischungsverhältnis die Verdunstungszeiten zwischen den angegebenen Einzelgrenzen. Je schneller, gleichmäßiger und restloser ein Betriebsstoff verdunstet, desto brauchbarer ist er für motorische Zwecke.

Je mehr Benzol, also je mehr spezifisch schwerere Flüssigkeit dem Benzin zugefügt wird, desto ungleichmäßiger ist die Verdunstung, dergestalt, daß zuerst die leichten Anteile sehr rasch verdunsten und einen Teil der schwer verdunstenden mit sich reißen und dann schließlich die schwereren Anteile als langsam verdunstend zurückbbleiben. Aus diesem Grunde sind auch Mischungen von schwereren und leichteren Fraktionen, die auf ein mittleres spez. Gewicht eingestellt sind, trotz ihres verhältnismäßig niedrigen spez. Gewichts motorisch nicht gut brauchbar, weil die Verdunstung ungleichmäßig vor sich geht. Nur einheitliche Benzine mit verhältnismäßig engen Siedegrenzen können eine ihrem spez. Gewicht angemessene normale Verdunstungsgeschwindigkeit zeigen.

Diese Erfahrung wird durch folgenden Versuch noch weiter erläutert: Leichtbenzin (Gasolin) vom spez. Gewicht 0,660 (Siedegrenzen 45—80°) zeigte für 10 ccm eine Verdunstgeschwindigkeit von 30 Minuten, Schwerbenzin vom spez. Gewicht 0,750 (Siedegrenze 120—130°) eine solche von 7 Stunden. Mischt man beide zu gleichen Teilen, so daß ein spez. Gewicht von rund 0,700 entsteht, so wird jeder Automobilist bei dem niedrigen spez. Gewicht dieses für ein Primaluxusbenzin ansprechen. Die Verdunstungsgeschwindigkeit dieser Mischung beträgt aber über 5 Stunden, während der Berechnung nach nur $3^3/_4$ Stunden notwendig sein dürften.

Das spez. Gewicht ist also vollständig irreführend. Die Mischung von schweren und leichten Fraktionen führt zu einem motorisch schlecht brauchbaren Benzin, das von den Automobilisten zweifellos beanständet wird, da diese Mischung im Gebrauch Aussetzer gibt und schwer verdunstende Rückstände im Vergaser hinterläßt. Aus diesen Tatsachen geht zur Genüge hervor, daß für die Beurteilung der motorischen Brauchbarkeit eines Benzins die Bestimmung der Verdunstungsgeschwindigkeit von Wert ist.

Das Verhalten gegen Lackmus läßt folgende Schlüsse zu:

Reaktion zeigt:	Betriebsstoff ist:
Blaues Lackmuspapier, Rotes Lackmuspapier } unverändert	Normales Benzin
Blaues Lackmuspapier Spur violett	Normales Benzol
Rotes Lackmuspapier Spur bläulich (Pyridin	Denatur., normaler Motorspiritus;

Da Benzine und Benzole durch Säuren gereinigt werden, ist die Prüfung auf neutrale Reaktion notwendig.

Die Beurteilung auf Grund der Dracorubinprobe ist folgende:

Die Farbstoffprobe ergibt:		Betriebstoff ist:
Flüssigkeit ungefärbt, höchstens schwacher Rosaschimmer. Das wieder getrocknete dunkelrote Reagenzpapier unverändert	. . .	Prima Luxusbenzin, überhaupt gutes Motorenbenzin, benzolfrei oder nur mit Spuren Benzol bzw. aromatischen Kohlenwasserstoffen
Flüssigkeit leicht rosa gefärbt. Reagenzpapier ein wenig heller geworden	. . .	Gute Mittelbenzine mit schwachem, natürlichen Benzolgehalt
Flüssigkeit rosa bis hellrot gefärbt. Reagenzpapier rot geworden	. . .	Benzolhaltige Mittelbenzine, Schwerbenzine oder Mischungen von Benzin und Benzol oder Leichtbenzin mit benzolhaltigen Schwerbenzinen
Flüssigkeit mehr gelblich rosa. Reagenzpapier heller geworden	. . .	Benzolarme meist toluolhaltige Schwerbenzine von hohem spezifischem Gewicht
Flüssigkeit hellrot bis dunkelrot. Reagenzpapier rot bis hellrot, fein marmoriert	. . .	Mischungen von Benzin und Benzol oder ganz stark benzolhaltige Benzine
Flüssigkeit dunkelblutrot. Reagenzpapier matt ziegelhellrot, fein marmoriert	. . .	Gutes 90 proz. Motorenbenzol
Flüssigkeit dunkelbraunrot. Reagenzpapier dunkel gesprenkelt, ziegelrot	. . .	Toluol-xylolhaltiges Schwerbenzol oder toluolhaltiges, benzolarmes Schwerbenzin
Flüssigkeit dunkelblutrot. Reagenzpapier ganz hellrosa, nicht gesprenkelt	. . .	95proz. Motorspiritus, denaturiert
Flüssigkeit blutrot. Reagenzpapier rosa, nicht gesprenkelt	. . .	90proz. Brennspiritus, denaturiert

Je ungefärbter der Betriebsstoff bei dieser Farbstoffprobe bleibt, um so besser und reiner ist das betreffende Benzin; je dunkelblutroter der Betriebsstoff mit dem Farbstoffpapier wird, um so besser ist das betreffende Benzol, um so stärker und wasserärmer der betreffende Motorspiritus.

Das Verhalten gegen Kalziumkarbid läßt folgende Schlüsse zu:

Die äußere Prüfung und die Karbidprobe ergibt:		Betriebsstoff ist;
Klares, farbloses, schmutzfreies Aussehen Nur Entwicklung von Luftbläschen, kein Azetylengeruch	...	Reines, wasserfreies Benzin oder Benzol
Geringe, ganz allmähliche Entwicklung von Azetylen	...	95 proz. Motorspiritus (enthält noch ca. 5% Wasser)
Starke Azetylenentwicklung	...	90 proz. Brennspiritus (enthält ca. 10% Wasser)

Größere Mengen von Wasser in Benzin oder Benzol geben sich schon äußerlich durch Absetzen von Tropfen zu erkennen. Die Betriebsstoffe sollen schmutzfrei, möglichst farblos und klar sein.

Schließlich gibt Dieterich folgende allgemeine übersichtliche Zusammenstellung:

Anforderungen für Motorbetriebsstoffe:

I. Motorenbenzine.

Klasse A: Motorenleichtbenzine.

Spezifisches Gewicht 0,650—0,700.

Beschaffenheit: Farblos, nach dem Verdunsten geruchlos, absolut schmutzfrei, keinen Fettfleck hinterlassend.

Verdunstungsgeschwindigkeit: Weniger als 2 Stunden.

Verhalten gegen Schwefelsäure: Möglichst farblos, höchstens schwach gelbliche Färbung der Säure.

Nitrierungsprobe: Möglichst benzolfrei, höchstens ganz geringer Nitrobenzolgerucht.

Dracorubinprobe: Benzin möglichst farblos, höchstens schwacher Rosaschimmer, Spuren, jedenfalls nicht über 5% Benzol.

Silbernitratprobe: Vollkommen negativ.

Karbid-Wasserprobe: Vollkommen negativ.

Lackmusprüfung: Vollkommen neutral.

Endsiedepunkte: Möglichst engliegend, Grenze nach unten 40°, nach oben 125°.

Über 100° übergehende Anteile: Möglichst keine, höchstens 10%.

Refraktometergrade: Möglichst hoch, nicht unter 54°.

Preis: Von allen Benzinsorten für Motorzwecke am höchsten, zur Zeit ungefähr zwischen 46—55 Pf. pro Kilo schwankend.

Klasse B: Motoren-Mittelbenzine.

Spezifisches Gewicht 0,701—0,730.

Beschaffenheit: Farblos, nach dem Verdunsten geruchlos, absolut schmutzfrei, keinen Fettfleck hinterlassend.

Verdunstungsgeschwindigkeit: Nicht über $2^1/_2$ Stunden.

Verhalten gegen Schwefelsäure: Höchstens schwach gelbliche Färbung der Säure.

Nitrierungsprobe: Möglichst benzolfrei, geringe Mengen Nitrobenzol zugelassen.

Dracorubinprobe: Benzin möglichst ungefärbt, höchstens Rosafärbung, geringer natürlicher Benzolgehalt, höchstens 20% zugelassen.

Silbernitratprobe: Höchstens geringe Färbung.

Karbid-Wasserprobe: Vollkommen negativ.

Lackmusprüfung: Vollkommen neutral.

Endsiedepunkte: Möglichst engliegend, Grenze nach unten 45°, nach oben 140°.

Über 100° übergehende Anteile: Höchstens 30%.

Refraktometergrade: Möglichst hoch, nicht unter 53°.

Preis: Billiger wie Klasse A, zur Zeit ungefähr zwischen 35 und 45 Pf. pro Kilo schwankend.

Klasse C: Motorenschwer-(Nutz-)benzine.

Spezifisches Gewicht 0,731—0,750 und höher.

Beschaffenheit: Möglichst farblos, nach dem Verdunsten möglichst geruchlos und fettfrei; etwas gelbliche Farbe, Geruch und Rückstand zugelassen.

Verdunstungsgeschwindigkeit: Möglichst nicht über 3—4 Stunden.

Verhalten gegen Schwefelsäure: Gelbe bis schwach braune Färbung der Säure zugelassen.

Nitrierungsprobe: Gewisse Mengen Nitrobenzol bzw. Nitrotoluol, also natürlicher Gehalt an aromatischen Kohlenwasserstoffen zugelassen.

Dracorubinprobe: Benzin rosa bis hellrot, bzw. gelb-bräunliche Farbe; nicht über 25% aromatische Kohlenwasserstoffe (Benzol, Toluol usw.) zugelassen.

Silbernitratprobe: Schwache Schwärzung zugelassen.

Karbid-Wasserprobe: Vollkommen negativ.

Lackmusprüfung: Vollkommen neutral.

Endsiedepunkte: Möglichst eng, Grenze nach unten 65°, nach oben 150—170°.

Über 100° übergehende Anteile: Möglichst viel unter, möglichst nicht mehr als 75—80% über 100°.

Refraktometergrade: Möglichst hoch, nicht unter 50°.

Preis: Am niedrigsten von allen Motorenbenzinen, zur Zeit meist unter 30—35 Pf. pro Kilo bleibend.

II. Motorenbenzol (90er Handelsbenzol I).

Spezifisches Gewicht 0,880—0,885.

Beschaffenheit: Möglichst farblos, höchstens ganz schwach gelblich, nach dem Verdunsten geruchlos, kein Rückstand.
Verdunstungsgeschwindigkeit: Möglichst nicht über $3^1/_2$ Stunden.
Verhalten gegen Schwefelsäure: Schwache Gelbfärbung der Säure zugelassen.
Dracorubinprobe: Dunkelblutrote Farbe = 90% Benzol, Reagenzpapier nach dem Trocknen matt ziegelrot, fein marmoriert.
Silbernitratprobe: Schwärzung.
Karbid-Wasserprobe: Vollkommen negativ.
Lackmusprüfung: Vollkommen neutral.
Endsiedepunkte: Möglichst eng, Grenze nach unten 80°, nach oben 120°.
Unter 100° übergehende Anteile: Mindestens 90%; Rest bis 120° übergehend.
Refraktometergrade: 37—38°.
Preis: Zur Zeit 32—37 Pf. pro Kilo.

III. Motorspiritus 95%.

Spezifisches Gewicht 0,822—0,825.

Beschaffenheit: Fast farblos, geringe Gelbfärbung, Geruch nach dem Denaturierungsmittel.
Verdunstungsgeschwindigkeit: Höchstens $4^1/_2$—5 Stunden.
Dracorubinprobe: Dunkelblutrote Farbe = 95% Alkohol, Reagenzpapier nach dem Trocknen nicht marmoriert, hellrosa.
Endsiedepunkte: Möglichst eng, Grenze nach unten 70°, nach oben 85°.
Unter 100° übergehende Anteile: 100%.
Karbid-Wasserprobe: Nur Luftbläschen und Spuren Azetylen.
Refraktometergrade: 58—59°.
Preis: Zur Zeit ungefähr 35 Pf. pro Kilo.

Um es nun auch dem Laien zu ermöglichen, die wichtigsten der genannten Untersuchungen in einfacher und rascher Weise durchführen zu können und sich so über die Beschaffenheit der betreffenden Treibmittel ein Urteil zu bilden, hat Dieterich einen kompendiösen Prüfungsapparat, „Motol" genannt, zusammengestellt (Fig. 7). Dieser besteht aus folgenden Teilen:

a) Senkkörper mit Glas zur Feststellung des spez. Gewichtes.
b) Filtrierpapier zur Geruchs- und Flüchtigkeitsprüfung.
c) Schälchen zur Bestimmung der Verdunstungsgeschwindigkeit des Betriebsstoffes.
d) Reagenzpapiere zur Prüfung auf neutrale Reaktion.

e) Reagenzpapier zur Ausführung der Farbstoffproben, speziell der Dracorubinprobe.

f) Zwei leere Glasstöpselflaschen.

g) Drahthäckchen, ein weißer und schwarzer Beobachtungskarton.

h) Ein Flakon Normalbenzin.

i) Ein Flakon Normalbenzol.

Es wird also festgestellt:

1. Das spez. Gewicht.
2. Geruch und Flüchtigkeit.
3. Die zeitliche Verdunstungsgeschwindigkeit.
4. Die aromatischen Kohlenwasserstoffe, speziell Benzol mit der Dracorubinprobe.
5. Die äußere Beschaffenheit, Klarheit und Wassergehalt, und endlich
6. Die neutrale Reaktion.

Hat man diese Prüfungen ausgeführt, was wenig Zeit und Mühe erfordert, so ist man über die Güte seines Be-

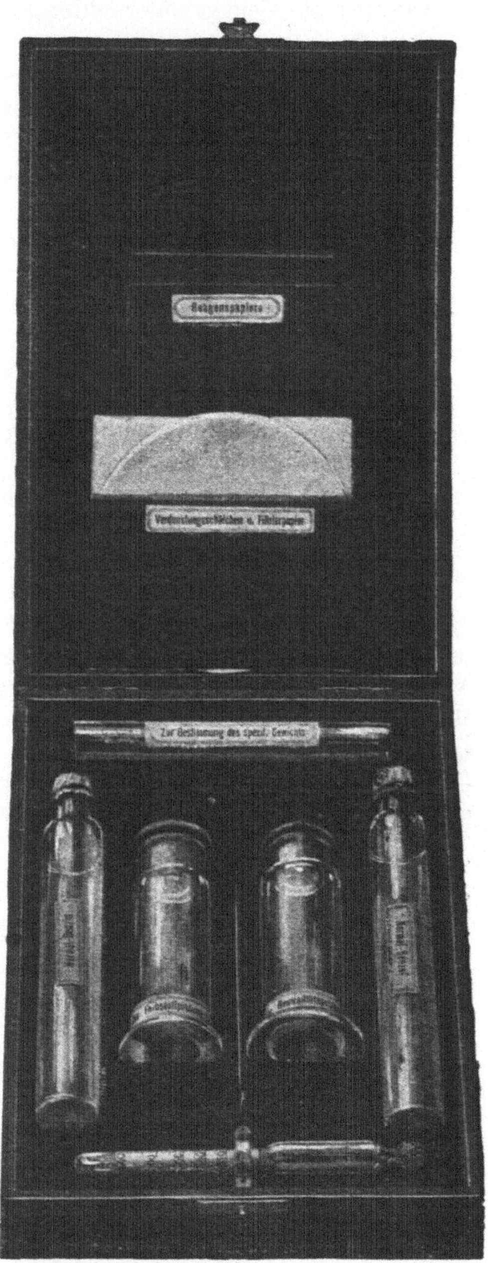

Fig. 7: Prüfungsgerät „Motol“ für Betriebsstoffe.

triebsstoffes zur Genüge unterrichtet, um zu wissen, was man von ihm erwarten kann. Ebensowenig wie die bisher übliche Bestimmung des spez. Gewichtes allein einen maßgebenden Schluß gestattet, ebensowenig wird man sein Benzin oder Benzol beurteilen können, wenn man nicht alle, sondern wieder nur Einzelreaktionen anstellt. Man kann mit dem Prüfungsgerät insbesondere folgendes feststellen:

1. Art des Betriebsstoffes, ob Benzin, Benzol oder Spiritus oder Mischung dieser Stoffe.
2. Spez. Gewicht, ob Leicht-, Mittel-, Schwerbenzin, Benzol oder Spiritus.
3. Güte und Reinheit des Betriebsstoffes, ob benzolhaltiges Benzin, ob Schwerbenzin oder Benzol, Spiritus oder Benzolspiritus, Verunreinigungen, Mischungen verschiedener Stoffe, usw.
4. Brauchbarkeit für die Praxis: Geruchsprobe, Verdunstungsgeschwindigkeit, Neutralität, Wassergehalt usw.
5. Gleichmäßigkeit der Lieferung bei Abschluß und Preiswürdigkeit.

Hat man alle Reaktionen ausgeführt, so gibt folgende Aufstellung den Hinweis, welche allgemeinen Schlußfolgerungen die Analyse mit dem neuen Prüfungsgerät für die Bewertung eines Motorbetriebsstoffes gestattet:

Je niedriger das spezifische Gewicht, Je geruchloser, schneller und restloser verdunstend, Je farbloser bei der Dracorubinprobe	desto besser und preiswerter das Motorenbenzin
Je geruchloser, schneller und restloser verdunstend, Je schöner blutrot bei der Dracorubinprobe,	desto besser und preiswerter das Motorenbenzol
Je schneller verdunstend, Je wasserfreier, Je schöner tiefdunkelrot bei der Dracorubinprobe,	desto besser und preiswerter der Motorenspiritus

Die im vorstehenden angeführten Untersuchungen wurden von Dieterich ferner noch durch die Kapillaranalyse ergänzt. Läßt man nämlich die verschiedenen Treibmittel unter bestimmten Verhältnissen durch Filterpapierstreifen aufsaugen, so erhält man je nach ihrer Reinheit ganz oben am Ende des

Streifens geringe oder starke Färbungen, wenn schwere Brennstoffmischungen oder gar leichte Teeröle für jene verwendet wurden. Je farbloser also bei dieser *einfachen Kapillarprobe* ein Motorbetriebsstoff bleibt, je weniger Zonen und Färbungen er gibt, um so besser und und reiner ist er. Verwendet man an Stelle von weißem Filterpapier Dracorubinpapier (*Dracorubinkapillarprobe*), so kann man dreierlei beobachten: 1. Daß die Flüssigkeit Farbstoff aufgenommen hat, 2. daß der untere Teil, der von der Flüssigkeit umspült war, nach dem Herausnehmen und Trocknen eine Veränderung erfahren hat, und 3. daß auf dem darüber befindlichen Teil Zonen entstanden sind, oder daß das Papier im ganzen, jedenfalls der oberste Teil, unverändert geblieben ist. Die auf dem Papier sichtbaren Farbentöne und Zonen, wie auch die Färbung der Flüssigkeit ist wichtig und für die einzelnen Brennstoffe von besonderer Bedeutung. Nachfolgende kleine Aufstellung enthält die Beschreibung der Farbentöne des Papiers und des Aussehens der Flüssigkeit bei dieser Probe:

Farbenton und Aussehen des Papiers und der Flüssigkeit:	Betriebsstoff ist:
Eingetauchter Teil unverändert (etwas matter) . *Keine* Zone oder nur Spur einer solchen . . . . Flüssigkeit *farblos* oder nur Spur Rosafärbung .	Normales Benzin
Eingetauchter Teil teilweise entfärbt, noch ziegelrot, dunkelrot *gesprenkelt* . . . . Unten eine schmale unregelmäßige, dann eine helle und abschließend nach oben eine dunkle breite Zone Flüssigkeit ziemlich *gleichmäßig* blutrot . . .	Normales Benzol
Eingetauchter Teil fast weiß und entfärbt, *nicht* gesprenkelt . . . . Unregelmäßige breite dunkle Zone mit *lack*glänzendem Abschlußstreifen nach oben . . . . Flüssigkeit fast farblos mit *am Boden* lagerndem roten Farbstoff (löst sich beim Schwenken) . .	Motorspiritus.
Eingetauchter Teil fast weiß, *nicht* gesprenkelt . Dunkle breite, nach unten heller werdende Zone *ohne* glänzende Lackstreifen. . . . . Flüssigkeit wie bei Benzol	Benzolspiritus mit über 50% Benzol
Eingetauchter Teil fast weiß, *nicht* gesprenkelt . Dunkle breite, nach unten heller werdende Zone mit *lack*glänzendem Abschlußstreifen nach oben . Flüssigkeit wie bei Motorspiritus	Benzol-Spiritus mit über 50% Spiritus.

Man kann demnach mit einem Stück Filterpapier und einem Stück Dracorubinpapier eine ganze Brennstoffanalyse ausführen und recht schnell ergründen, ob man es mit einem einfachen oder gemischten Brennstoff zu tun hat, und sofort Benzin, Benzol und Spiritus als solche identifizieren und alle drei Brennstoffe voneinander unterscheiden; bei Benzinen kann man auf diese Weise leicht den Raffinationsgrad und somit seinen Wert feststellen.

Endlich kann man die Kapillarprobe und die Dracorubinkapillarprobe noch durch eine weitere Probe ergänzen, indem man nämlich die bei letzterer erhaltenen gefärbten Flüssigkeiten wiederum durch Filterpapier aufsaugen läßt (Dracorubindoppelkapillarprobe). Man erhält so zum Teil mehrere, zum Teil zwei, oft auch nur eine Zone, die aber fast alle voneinander verschieden sind. Auch die Entfernung der einzelnen Zonen voneinander, wie ihre Stärke können bei der Untersuchung der Brennstoffe und der Identifizierung brauchbare Hinweise geben.

Die folgende Tabelle enthält eine übersichtl.che Zusammenstellung dieser Kapillar- und Farbstoffproben (siehe Tabelle Seite 156 und 157).

In Rücksicht darauf ferner, daß in den Siedegrenzen zwischen 60—100° bei der Destillation eines Brennstoffes Benzol, Spiritus, Leichtbenzin, weiterhin Azeton, Holzgeist enthalten sein können, muß man zur Unterscheidung und zum Nachweis von Äthyl-, Methylalkohol und von Azeton noch zu folgenden qualitativen Reaktionen greifen:

1. Nachweis von Äthylalkohol: a) Zu einer kleinen Menge des zu prüfenden Brennstoffdestillates fügt man verdünnte Kalilauge bis zur stark alkalischen Reaktion, erwärmt das Gemisch auf 50—60° C und fügt alsdann unter Umschütteln so viel von einer verdünnten Lösung von Jod in Jodkalium zu, bis die Flüssigkeit eine bleibende Gelbfärbung angenommen hat, und stellt sie, nachdem die Gelbfärbung durch einen Tropfen Kalilauge beseitigt ist, alsdann 12 Stunden beiseite. War Alkohol vorhanden, so finden sich am Boden kleine gelbe Kristallflitter von Jodoform, das sich auch durch den Geruch bemerkbar macht. b) Eine kleine Probe des zu prüfenden Destillates versetzt man mit einigen Tropfen Benzoylchlorid, schüttelt die Mischung tüchtig durch und fügt, nachdem sie einige Minuten gestanden hat, Kalilauge bis zur stark alkalischen Reaktion zu. Bei Gegenwart von

Äthylalkohol tritt der charakteristische Geruch von Benzolsäureäthyläther auf, während der des überschüssigen Benzoylchlorids verschwindet.

2. Nachweis von Methylalkohol: 1 ccm Destillat vom Betriebsstoff wird mit 4 ccm verdünnter Schwefelsäure (20%) in einem weiten Reagenzglas gemischt. In das gut gekühlte Gemisch wird nach und nach unter starkem Umschütteln 1 g feinzerriebenes Kaliumpermanganat eingetragen. Sobald die Violettfärbung verschwunden ist, wird die Flüssigkeit durch ein kleines trockenes Filter in ein Reagenzglas filtriert, das meist rötliche Filtrat einige Sekunden gelinde erwärmt und darauf 1 ccm des farblosen Filtrates mit 5 ccm konzentrierter Schwefelsäure gemischt. Dem abgekühlten Gemisch wird eine frisch bereitete Lösung von 0,05 g Morphinhydrochlorid in 2,5 ccm konzentrierter Schwefelsäure hinzugefügt und durch vorsichtiges Umrühren mit einem Glasstab gemischt. Enthält der untersuchte Brennstoff Methylalkohol, so tritt bald, spätestens in 20 Minuten, eine violette bis dunkelviolette Färbung ein.

3. Nachweis von Azeton: 1 ccm Destillat vom Betriebsstoff wird mit der gleichen Menge Natronlauge und 5 Tropfen Nitroprussidnatriumlösung (1:40) versetzt. Eine Rotfärbung, die nach dem vorsichtigen Übersättigen der Flüssigkeit mit Essigsäure in Violett übergeht, deutet auf Azeton.

Als zufolge des Krieges Benzine und Benzole zeitweise und zum Teil ganz zum Fehlen kamen, da wurden ungezählte neue Brennstoffe — Ersatzmittel — auf den Markt gebracht, der schon früher erprobte, später wieder verlassene Spiritus, weiterhin Petroleum, Holzgeist, Essigalkohol (Azeton), Äther und Mischungen dieser Stoffe mit Benzin, Benzol, Spiritus usw. Aus der Zusammensetzung dieser Mischungen erhellt ohne weiteres, daß die Bestimmung des spez. Gewichtes allein wertlos ist und eine eingehende chemisch-physikalische Analyse Platz greifen muß. Es sind Mischungen im Handel anzutreffen, die aus:

1. denaturiertem Spiritus, Schwerbenzin, Benzol und Teeröl,
2. Schwerbenzinen bis über 300° hinauf,
3. Schwerbenzin mit Zusatz von Äther,
4. Benzol, Benzin und Azeton gemischt,
5. Schwerbenzin, Motorspiritus und Rohazeton gemischt,
6. Rohbenzol mit Zusatz von Methylalkohol,

Probe:	Art des Reagenzpapiers:	Form des Reagenzpapiers und Gefäßes:
1. Kapillarprobe	Gutes weißes Filtrierpapier i. Bogen 50 × 50 cm von 20 g Gewicht pro Bcgen	Filtrierpapierstreifen 15 cm lang, 3 cm breit Glaszylinder oder Weithalsgläser — offen — von 500 ccm Inhalt, 25 cm Höhe und $6^1/_2$ cm Durchmesser
2. Dracorubin-Kapillarprobe	Dracorubinpapier von dunkelroter Farbe in Streifenform	A) Schmale Dracorubinpapierstreifen aus den im Handel befindlichen Heften 7 cm lang, 1 cm breit und Glaszylinder oder Weithalsgläser — offen — von 40 ccm Inhalt, 10 cm Höhe und 3 cm Durchmesser B) Dracorubinpapierstreifen und Gefäße wie bei 1
3. Dracorubin-Doppel-Kapillarprobe	Gutes weißes Filtrierpapier wie bei 1	Wie bei 1
4. Dracorubin-Probe .	Dracorubinpapier wie bei 2	Wie bei 2

Ausführung der Probe und Einhängedauer:	Maßgebend für die Beurteilung ist:	Zweck der Probe ist:
Nachdem man das Gefäß $^1/_4$ mit Brennstoff gefüllt hat, wird ein Filtrierpapierstreifen, bis fast zum Boden reichend, eingehangen Einhängedauer 24 Stunden	Der Filtrierpapierstreifen nach dem Herausnehmen und Trocknen und die nunmehr sichtbaren Zonen und Farbstreifen	Nachweis von unreinen, schweren und gefärbten Anteilen im Brennstoff
Man verfährt bei Verwendung der schmalen Streifen wie bei 1, nimmt aber die kleineren Gefäße, stellt das Reagenzpapier hinein oder hängt es mit einer Stecknadel auf und füllt nun $^1/_5$ mit Betriebsstoff Bei Verwendung der größeren Papiere verfährt man wie bei 1 Einhängedauer: 2 Stunden	A) Die Färbung des Brennstoffes nach 2 Stunden B) Die Färbung u. die entstandenen Zonen, die nach 2 Stunden nach dem Herausnehmen u. Trocknen auf dem Papier sichtbar sind	Unterscheidung von Benzol und Spiritus u. anderen Alkoholen und Nachweis dieser in Benzin, Benzol und Gemischen
Wie bei 1, nur verwendet man wieder denselben Betriebsstoff, der für die Probe 2 diente	Wie bei 1	Identifizierung von Benzin, Benzol und Spiritus in Gemischen
Die Dracorubinpapierstreifen werden in die zur Größe der Streifen passenden Gefäße getan, letztere fast ganz mit Brennstoff gefüllt und verschlossen unter öfterem Umschütteln stehen gelassen Einwirkungsdauer: 24 Stunden	A) Die Färbung des Brennstoffes nach 24 Stunden B) Die Färbung und Griffigkeit des Dracorubinpapieres, nachdem es wieder getrocknet ist	Unterscheidung von Benzin und Benzol und Nachweis von Benzol im Benzin und Identifizierung von Motor-Spiritus.

<table>
<tr><th></th><th>Spezifisches Gewicht bei 15° C</th><th>Verdunstungs-geschwindigkeit 10 ccm verdunsten in</th><th>Ungefähre Siede-grenzen in ° C</th><th colspan="2">Refraktometergrade Grad und Minuten</th><th>Dracorubin-Probe a) Flüssigkeit b) Papier</th></tr>
<tr><td>Äther . . . . .</td><td>0,720—0,725</td><td>38 Minuten</td><td>35</td><td colspan="2">62° 34′</td><td>a) dunkelrot, heller als Benzol
b) rosa, matt</td></tr>
<tr><td>Petroläther . . .</td><td>0,6336—0,6645</td><td>30—50 Minuten</td><td>27,5—79,5</td><td colspan="2">58° 21′—61° 17′</td><td>a) farblos
b) dunkelrot</td></tr>
<tr><td>Leicht-Benzin . . .</td><td>0,650—0,700</td><td>weniger als 2 Stunden</td><td>40—125</td><td rowspan="3">45—59°</td><td>möglichst nicht unter 54°</td><td>a) farblos bis Rosa-schimmer
b) dunkelrot, etwas matter</td></tr>
<tr><td>Mittel-Benzin . . .</td><td>0,701—0,730</td><td>2—2½ Stunden</td><td>45—140</td><td>möglichst nicht unter 53°</td><td>a) farblos bis rosa
b) dunkelrot, matter</td></tr>
<tr><td>Schwer-Benzin . .</td><td>0,731—0,750</td><td>Über 3—4 Stunden</td><td>65—170 und höher</td><td>möglichst nicht unter 50°</td><td>a) gelbrosa b. hellrot bzw. gelb b. bräunlich
b) dunkelrot, matter</td></tr>
<tr><td>Motoren-Benzol 90 % . . . . .</td><td>0,880—0,885</td><td>Gutes Benzol 3½ Stunden
Kriegsbenzol über 3½ Stunden</td><td>80—120</td><td colspan="2">37°—38°</td><td>a) dunkel-blutrot
a) matt ziegel-rot, dunkel gesprenkelt</td></tr>
<tr><td>Benzol-Spiritus 75:25 % . . . .</td><td>0,865</td><td>ungefähr 8 Stunden</td><td>64—81</td><td colspan="2">43° 46′</td><td>a) dunkel-blutrot
b) fast weiß, nicht gesprenkelt</td></tr>
<tr><td>Spiritus-Benzol 75:25 % . . . .</td><td>0,8355</td><td>ungefähr 19¼ Stunden</td><td>66,5—84,5</td><td colspan="2">54° 58′</td><td>a) dunkel-blutrot
b) fast weiß, nicht gesprenkelt</td></tr>
</table>

Dracorubin-Kapillar-Probe	Verhalten gegen				Spezielle Prüfungen
	Salpeter-Schwefelsäure (Nitriergemisch)	konzentrierte Schwefelsäure	Silbernitrat	Calciumcarbid	
eingetauchter Teil hellrot dunkelrote Lackzone Flüssigkeit gleichmäßig rot	heftige Reaktion unter Aufbrausen u. völligem Verdampfen d. Äthers	farblose bis rosa Mischung, mischt sich völlig unter Aufbrausen	keine Reaktion	0,720 Negativ 0,725 geringer Azetylengeruch	—
wie Leichtbenzin	keine Reaktion	keine Reaktion farblos	keine Reaktion	Negativ	—
eingetauchter Teil unverändert (etwas matter) keine oder nur Spuren einer Zone Flüssigkeit farblos oder nur Rosaschimmer	keine Reaktion, höchstens schwacher Nitrobenzolgeruch	farblos, höchstens schwach. Gelbfärbung der Säure	keine Reaktion	Negativ	—
eingetauchter Teil etwas matter keine oder nur Spuren einer Zone Flüssigkeit fast farblos bis geringe Rosafärbung	geringe Mengen Nitroprodukt	schwach gelbliche Färbung der Säure	geringe dunklere Färbung	Negativ	—
eingetauchter Teil matter keine oder nur geringe Zone Flüssigkeit fast farblos bis Rosafärbung oder Gelbfärbung	geringe Mengen Nitroprodukt	gelb-braune Färbung der Säure	geringe Schwärzung	Negativ	—
eingetauchter Teil teilweise entfärbt noch ziegelrot, dunkelrot gesprenkelt; unten eine schmale unregelmäßige, dann eine helle und abschließend nach oben eine dunkle breite Zone Flüssigkeit ziemlich gleichmäßig blutrot	vollkommen nitrierbar, Nitrobenzol flüssig, hellgelb mit Natriumhydroxyd - Braunfärbung, wenn Nitro - Toluol vorhanden	schwache Gelbfärbung der Säure	Schwärzung	Negativ	Isatinprobe
eingetauchter Teil fast weiß, nicht gesprenkelt; dunkle breite, nach unten heller werdende Zone ohne glänzenden Lackstreifen Flüssigkeit wie bei Benzol (ziemlich gleichmäßig rot)	vollkommen nitrierbar, heftige Reaktion	Säure rotbraun, Benzolschicht trübe, farblos, erhitzt sich	Schwärzung	etwas Gasentwicklung, geringer Azetylengeruch	Nachweis d. Äthylalkohols i. Destillat als 1. Benzoesäureäthyläther 2. Jodoform
eingetauchter Teil fast weiß, nicht gesprenkelt, dunkle breite, nach unten heller werdende Zone mit lackglänzendem Abschlußstreifen nach oben Flüssigkeit wie bei Motor-Spiritus (Farbstoff am Boden)	vollkommen nitrierbar, sehr heftige Reaktion	Säure rötlichbraun, Benzolschicht verringert, fast farblos, erhitzt sich sehr stark	Schwärzung	deutlicher Azetylengeruch	do.

	Spezifisches Gewicht bei 15° C	Verdunstungs-geschwindigkeit 10 ccm verdunsten in	Ungefähre Siede-grenzen in ° C	Refraktometergrade Grad und Minuten	Dracorubin-Probe a) Flüssigkeit b) Papier
Motoren-Spiritus 95%	0,822—0,825	ungefähr $4\frac{1}{2}$ bis 5 Stunden	70—85	58°—59°	a) dunkel-blutrot b) hellrosa bis fast weiß, nicht gesprenkelt
Brennspiritus 90%	0,830—0,835	ungefähr $20\frac{1}{2}$ Stunden	77—105	60° 11′	a) dunkel-blutrot b) hellrosa bis fast weiß, nicht gesprenkelt
Essigalkohol (Azeton)	0,800—0,805	ungefähr 3—5 Stunden	56,5	61° 23′—64° 30′	a) dunkel-blutrot b) rosa
Holzgeist (Methylalkohol)	0,796	ungefähr $10\frac{3}{4}$ Stunden	66	67° 18′	a) dunkelrot, heller als Benzol b) rosa
Petroleum	0,790—0,810	bei gewöhnlicher Temperatur ganz wenig verdunstend	155—300	46° 10′	a) schwach gelblich b) dunkelrot

7. Motorspiritus, Azeton und Benzol,
8. leichtem Teeröl und Schwerbenzin bzw. Spiritus gemischt,
9. Brennspiritus mit Benzol und Azeton gemischt,
10. Motorspiritus, in dem Naphthalin gelöst war, usw.

bestehen. Es ist gewiß nichts dagegen einzuwenden, wenn Kriegsersatzstoffe und Kriegsmischungen an Stelle des sonst üblichen Benzins empfohlen und gehandelt werden. Es ist aber unbedingte Pflicht der Händler und Fabrikanten, die Motoristen auf die Zusammensetzung aufmerksam zu machen, da alle diese schweren Kriegsmischungen nur dann ohne Gefahr für den Motor gebraucht werden können, wenn man die entsprechenden Vorsichtsmaßregeln durch besondere Ölung, Vorwärmung und Anpassung des Vergasers usw. trifft.

Dracorubin-Kapillar-Probe	Verhalten gegen Salpeter-Schwefelsäure (Nitriergemisch)	konzentrierte Schwefelsäure	Silbernitrat	Calciumcarbid	Spezielle Prüfungen
eingetauchter Teil fast weiß und entfärbt, nicht gesprenkelt. Unregelmäßige breite dunkle Zone mit lackglänzendem Abschlußstreifen nach oben Flüssigkeit hellrot mit am Boden lagerndem roten Farbstoff (löst sich beim Schwenken)	vollkommen nitrierbar, sehr heftige Reaktion	gelbbraune Mischung, erhitzt sich sehr stark	dunkle Bräunung	deutliche Gasentwicklung, starker Azetylengeruch	Nachweis d. Äthylalkohols i. Destillat als 1. Benzoesäureäthyläther 2. Jodoform
wie Motoren-Spiritus	do.	hellbraune Mischung, erhitzt sich sehr stark	dunkle Bräunung	sehr starke Gasentwicklung, sehr starker Geruch	do.
eingetauchter Teil hellrosa, nach oben sternartig verlaufende schmale Zone, anschließend breite dunkle Zone Flüssigkeit ziemlich gleichmäßig rot	erwärmt sich, bleibt farblos	gelbrot bis dunkelrote Mischung, erhitzt sich sehr stark	keine Reaktion	kaum bemerkbare Gasentwicklung, kaum bemerkbarer Geruch	Nachweis im Destillat mit Morphinschwefelsäure
eingetauchter Teil fast weiß, dunkelrote Lackzone in dunkelmattbraunen Streifen nach unten laufend Flüssigkeit ziemlich gleichmäßig rot	do.	gelbe Mischung, erhitzt sich	keine Reaktion	ziemlich deutlicher Azetylengeruch	Nachweis im Destillat mit Nitroprussidnatrium-Lösung
eingetauchter Teil unverändert Flüssigkeit fast unverändert	wird schwarzbraun, geringe Entwicklung nitroser Gase	Säure dunkelschwarzrot, Petroleum bräunlichgelb	geringe Schwärzung	Negativ	—

In der vorstehenden Tabelle sind die wichtigsten analytischen Merkmale der leichten Motorbetriebsstoffe und ihrer Kriegsersatzmittel zusammengestellt (siehe Seite 158 und 159).

Für Brennstoffe und deren Kriegsersatzmittel, die Naphthalin enthalten, ist noch folgendes zu beachten. Es handelt sich hierbei entweder um solche Brennstoffe, die von Natur aus Naphthalin enthalten, oder solche, denen Naphthalin in reinerer Form zugesetzt und in gewissen Mengen im Brennstoff gelöst worden ist.

Naphthalin erkennt man:

1. bei der Kapillarprobe, bei der oben Naphthalinkristalle ausschießen,

2. bei der Feststellung der Verdunstungsgeschwindigkeit, wobei im Schälchen die Kristalle ausscheiden.

3. bei der Dracorubinkapillarprobe, bei der auf den Zonen die Naphthalinkristalle sichtbar werden,

4. bei der fraktionierten Destillation, bei der von ca. 200° ab im Kühlrohr Naphthalin auskristallisiert; auch im Destillationsrückstand ist nach dem Erkalten das Naphthalin noch nachweisbar.

Besonders bemerkenswert ist, daß man an der Reinheit des auskristallisierenden Naphthalins erkennen kann, ob es natürlicher Bestandteil des Brennstoffes war (z. B. bei Teerdestillaten, leichten Teerölen usw.), oder besonders im Brennstoff gelöst wurde. In letzterem Falle ist es meist fast weiß und schön kristallinisch.

Endlich sei betreffs Naphthalin noch bemerkt, daß Naphthalin die Refraktometerzahlen von Benzol wesentlich, von Benzin etwas erniedrigt, worauf bei der Beurteilung der Refraktometergrade der einzelnen Destillate Rücksicht zu nehmen ist.

XI. Das Elektromobil und das Dampfautomobil.

Obgleich der Zweck des vorliegenden Büchleins nur eine kritische Besprechung der Treibmittel der Kraftfahrzeuge für sich ist, so können wir der Vollständigkeit halber doch nicht umhin, schließlich auch noch einige Worte über die anderweitigen Betriebsarten der Kraftfahrzeuge zu sagen. Wir beschränken und dabei bloß auf das Wichtigste hinsichtlich des Vergleiches dieser Betriebsarten mit dem Betrieb mittels der eigentlichen Treibmittel, ohne erstere in ihrer Durchführung selbst schildern zu wollen. In Betracht kommen diesbezüglich Elektrizität und Dampf.

Das Elektromobil konnte sich als Konkurrent des durch einen Explosionsmotor betriebenen Kraftwagens — zum mindesten bei uns — bisher in nur verhältnismäßig geringem Maße durchsetzen. Eine Gegenüberstellung seiner Vorzüge und Nachteile macht dies auch in vieler Hinsicht ohne weiteres begreiflich.

Als Vorteile sind zu nennen: Sanftes und doch rasches Anfahren und allmähliches, stoßfreies und geräuschloses Übergehen von einer Geschwindigkeitsstufe zu einer anderen, stoßfreier, vollkommen geräuschloser Gang, das Fehlen jeder Rauch- und

Geruchsentwicklung. Zufolge der Einfachheit der Konstruktion ist die Handhabung durch den Wagenführer eine leichte und sind Betriebsstörungen bei genügender Wartung und vorsichtiger Behandlung selten, wie auch der Betrieb ein sehr sauberer ist. Ferner ist beim elektrischen Betrieb eine Feuersgefahr von vornherein ausgeschlossen, weshalb er besonders bei Feuerwehrfahrzeugen dem Benzinbetrieb vorgezogen wird.

Die Nachteile dagegen bestehen in folgendem: Mit einer Füllung der Akkumulatorenbatterie kann man nur eine verhältnismäßig kurze Strecke fahren, und das Neuladen dauert lange, weshalb die Elektromobile als Tourenwagen wohl nicht gut brauchbar sind. Auch ist ihre Geschwindigkeit eine nur relativ mäßige und steht daher hinter der mit einem Benzinwagen erreichbaren zurück. Der Akkumulator ist schwer und empfindlich, er verträgt das Fahren schlecht, so daß die Batterie, namentlich deren positive Platten, relativ bald zugrunde gehen, wodurch der Betrieb teuer wird. Das Elektromobil eignet sich daher vorzugsweise nur zum Betrieb in gut gepflasterten Städten und deren nächster Umgebung.

In Wien fand am 11. Juli 1916 die gründende Versammlung der Volkswirtschaftlichen Gesellschaft zur Förderung des Elektromobilverkehrs statt. Deren Ziele und Zwecke erörterte Popper folgendermaßen: Die Gesellschaft ist bestimmt, für alle heute noch brachliegenden Energien Verwendung zu schaffen. Die Art der Inanspruchnahme der Elektrizitätswerke ist infolge des Umstandes, daß sie hauptsächlich Beleuchtungszwecken und der Abgabe von Kraft während der ortsüblichen Arbeitsstunden dienen, einseitig, weil viele Stunden hindurch die Anlagen der Werke weit unter ihrer Leistungsfähigkeit arbeiten. Infolgedessen sind die meisten Stromwerke in der Lage, in diesen Zeiten geringer Belastung Energie zu billigen Preisen abzugeben, wenn sich geeignete Abnehmer hierfür finden. Da nun demnach die meist im öffentlichen Besitz befindlichen Elektrizitätswerke Stromabnehmer suchen, die mit ihrem Energiebezug nicht an die Zeit der Spitzenbelastung gebunden sind, anderseits das Elektrofahrzeug willkommene Verkehrserleichterungen bietet, erscheint es an der Zeit, durch Vereinigung aller Interessenten den elektrischen Wagen in größerem Maßstabe in den Stadt- und Kursverkehr einzuführen.

Da natürlich derartige Bestrebungen, die öffentlichen Interessen dienen, nur in einem entsprechenden Rahmen verfolgt werden können, haben sich die Proponenten mit allen maßgebenden Faktoren in Verbindung gesetzt, zu denen in erster Linie die verantwortlichen Leiter der großen Elektrizitätswerke zählen, da diese als Hauptinteressenten in Betracht kommen. Die ungeteilte Zustimmung, die die Vorschläge der Proponenten fanden, führte zu Vorbesprechungen und nach Genehmigung der Satzungen durch die Behörde zur gründenden Versammlung der Gesellschaft. Es ist zu hoffen, daß diese durch fleißige Arbeit auf dem vorgezeichneten Wege ihr Ziel, das Elektromobil als Stadt- und Kursfahrzeug in Österreich einzuführen, erreichen wird.

Weiter äußert sich Popper über das elektrische Fahrzeug als Stadtverkehrsmittel in einer Sitzung der Gesellschaft folgendermaßen:

Das elektrische Fahrzeug ist heute leider noch nicht so bekannt, wie es seiner besonderen Eignung als Stadtverkehrsmittel nach sein sollte. Es wird hierdurch nicht überall dort herangezogen, wo dies vermöge der Eigenheit der Betriebsführung möglich wäre. Bereits vor dem Kriege bildete die starke Zunahme der übelriechenden Abgase der Benzinautomobile eine arge Belästigung des städtischen Publikums. Leider wird nach dem Kriege dies in noch weit höherem Maße der Fall sein als früher, weil nicht nur der Zahl nach mehr Automobile verkehren werden, sondern man auch leider gelernt hat, an Stelle von reinem Benzin minderwertige Ersatzstoffe zu verwenden, die noch weit mehr übelriechende Abgase erzeugen als Benzin. Die Verunreinigung der Stadtluft würde sich daher noch mehr geltend machen, weshalb es unbedingt notwendig erscheint, daß die Behörden und Stadtverwaltungen rechtzeitig Maßnahmen treffen, um die Einführung elektrischer Fahrzeuge im Stadtbetriebe zu begünstigen und durchzusetzen.

Tatsächlich wurde auch z. B. im Wiener Stadtrat ein Antrag eingebracht, der bezweckt, daß — namentlich in Hinblick auf die Luftverpestung durch die Benzinautos — im Stadtbereich sowohl der Personen- als auch besonders der Lastenautobetrieb aller Art nur mit elektrischem Kraftantrieb in Verwendung kommen soll. Durch die Errichtung von Ladestationen an geeigneten Punkten, sowie in allen Endstationen der elektrischen Straßenbahnen wird es möglich werden, auch noch ca. 20 km außerhalb der Wiener Gemeindegrenze das Elektroauto benützen zu können, um so mehr, wenn durch die Automobilfabrikanten ein an Größe und Form gleichmäßiger Akkumulator hergestellt wird und dadurch in den Ladestationen ein evtl. Umtausch der Batterie erfolgen kann.

Dem gegenüber wird bisher in den Tageszeitungen u. a. folgendes eingewendet: Das Elektromobil sei gegenwärtig und in der nächsten Zukunft in keiner Weise fähig, die Benzinautomobile vollständig zu ersetzen. Für die Verwendung in der Armee sei das elektrisch betriebene Fahrzeug wegen seines geringen Aktionsradius von vornherein ausgeschaltet. Und wo könnte im Kriege die Heeresverwaltung die vielen Tausende von Benzinkraftfahrzeugen zu den verschiedensten Zwecken hernehmen, wenn sie nicht bereits in den Händen von Privaten und großen Unternehmungen vorhanden sind und eine leistungsfähige Industrie im Lande besteht, die ihre Produktion im Bedarfsfalle unverzüglich auf ein Mehrfaches zu steigern vermag?

Aber auch für die als fahrendes Publikum in Betracht kommenden Privatleute könne es keinen vollen Ersatz bieten. Die Raschheit, gepaart mit einem so gut wie unbeschränkten Aktionsradius, und die Fähigkeit, nahezu alle Terrainschwierigkeiten zu überwinden, sind es, die den fabelhaft raschen Siegeszug des Benzinkraftwagens bewirkt haben. Alle diese Eigenschaften wären aber entweder gänzlich oder doch im größeren Ausmaße am Elektromobil zu vermissen. Es gehe nicht viel schneller als ein Pferd in flottem Trab, es könne keine längere Strecke als etwa 40 km ohne frische Ladung oder Auswechslung der Batterie zurücklegen, und es könne weder starke Steigerungen erklimmen, noch auf sehr schlechten Wegen fortkommen. Es sei daher lediglich ein Fuhrwerk für Stadtfahrten.

Die wesentlichsten der hier angegebenen Nachteile des Elektromobils sind jedoch durch die neuesten Einrichtungen und Verbesserungen zum großen Teil beseitigt, indem sowohl die Möglichkeit des Befahrens längerer Strecken als auch der Überwindung stärkerer Steigungen durch eine Reihe von Versuchsfahrten bewiesen wurde. Aber auch hinsichtlich der Betriebskosten können dieselben unter Umständen bei Elektromobilen geringer sein, worauf in der letzten Zeit insbesondere Prof. Dr. Niethammer von der deutschen Technischen Hochschule in Brünn hingewiesen hat in seinen zwei Abhandlungen: „Aus der Starkstromtechnik jenseits und diesseits des Ozeans“ in der „Zeitschrift des Elektrotechnischen Vereins in Wien“ 1913, sowie in dem vor kurzem erschienenen Aufsatz „Die Elektroindustrie auf der Landesausstellung in Bern“, dieselbe Zeitschrift 1915, in welchem er bei Vergleichung der Betriebskosten für die im Jahre 1913 in der Schweiz vorhandenen 250 Elektromobile an der Hand von Zahlen nachweist, daß der elektrische Betrieb derselben beträchtlich billiger war als der Benzinbetrieb in normalen Zeitläufen.

Es wäre gewiß sehr zu begrüßen, wenn die Zahl der in Wien verkehrenden Elektromobile, die ein sehr schönes und elegantes Gefährt sind, sich vergrößern würde. Man braucht aber nicht gleichzeitig die Benzinautomobile, deren Unentbehrlichkeit einfach feststeht, aus dem Weichbilde der Stadt zu verbannen.

Was die Verwendung der Automobile im Feuerwehrdienst anbelangt, so ist die Wiener Feuerwhr mit der Ersetzung der von Pferden gezogenen Lösch- und Spritzenwagen durch Automobile als erste in allen Weltstädten vorangegangen, und die Ergebnisse dieser Umwandlung waren sowohl in betriebstechnischer als auch in finanzieller Hinsicht sehr befriedigende. Die gleichen günstigen Erfahrungen mit dem Automobildienst hat die Berliner Feuerwehr gemacht, wie ein von ihrer Leitung offiziell ausgegebener Bericht vom letzten Friedensjahre 1914 bestätigt. Danach verfügte die Berliner Feuerwehr zum Zeitpunkte des Berichtes über 74 Automobile, und zwar:

Rein elektrischer Betrieb:

12 Löschzüge zu je 4 Fahrzeugen, Gasspritze, Gerätewagen, Motorspritze und Leiter, 12 × 4	48	Fahrzeuge
Übungswagen	1	„
Rein Benzinantrieb:		
Wagen für den Branddirektor	1	„
Offizierswagen	16	„
Motorspritzen	3	„
Gerätewagen	1	„
Arbeitswagen	2	„
Aktenwagen	1	„
Zusammen	74	Fahrzeuge

Zur völligen Durchführung der Automobilisierung der Berliner Feuerwehr sind, wie der Bericht weiter besagt, noch 71 Automobile notwendig, deren baldige Beschaffung im Interesse eines einheitlichen Betriebes dringend erwünscht ist. Die für Berlin gewählte Antriebsart „rein elektrisch“ für den Stadtbetrieb und „rein Benzin“ für den Fernbetrieb, die Offiziers-, Geräte-, Arbeitswagen usw. hat sich seit nunmehr 6 Jahre ausgezeichnet bewährt. Über die Betriebskosten finden sich folgende Angaben: Jeder der 8 elektrischen Automobillöschzüge besteht aus 4 schweren Fahrzeugen, einer Gasspritze, einem Gerätewagen, einer Leiter und einer Dampf- oder Motorspritze. Für die Instandhaltung einer Batterie wird eine jährliche Pauschalsumme von 475 M. bezahlt. Für jeden Zug ist eine Reserbebatterie vorhanden. Die jährlichen Kosten für einen aus 4 Fahrzeugen bestehenden Elektroautomobillöschzug betragen durchschnittlich 5555 M., auf ein Fahrzeug entfallen demnach 1389 M. Dagegen erfordert ein mit Pferden bespannter, ebenfalls aus 4 Fahrzeugen bestehender Löschzug einen jährlichen Aufwand von 21 913 M. Auf ein Fahrzeug eines bespannten Zuges entfallen somit 5478 M., ein Betrag, für den alle 4 Elektromobile eines Löschzuges unterhalten werden können.

Während bei uns in Europa das Elektromobil in der verschwindenden Minderheit gegenüber dem Benzinkraftwagen ist, spielt es in den Vereinigten Staaten von Amerika in einer Reihe von großen Städten, besonders in Neuyork, bereits eine sehr bedeutende Rolle. Die stets zunehmende Verbreitung, die es dort erlangt, ist sicherlich auch zum nicht geringen Teile dem Umstande zuzuschreiben, daß die Garagierung von Elektromobilen für Privatbesitzer in ungemein praktischer Weise organisiert ist. In der Berliner Fachzeitschrift „Motor“ wird eine derartige Einstellhalle für elektrische Wagen beschrieben, die dem Eingang des Neuyorker Zentralparks gegenüberliegt, von und nach dem bekanntlich der größte Fahrverkehr stattfindet, und wo sich jeden Nachmittag eine Art von Korso entwickelt.

Besonderes Interesse verdienen sowohl die Art und Weise des Betriebes wie die technischen Einrichtungen der Garage selbst. Zur Aufnahme der Wagen sind 100 verschließbare Einzelräume vorgesehen, für jeden ist ein Einheitspreis von 45 Dollar (ca. 225 Kr.) pro Monat zu zahlen. Dafür wird aber der Wagen auch durch die Angestellten der Gesellschaft gewaschen, gereinigt, die Akkumulatorenbatterie wird neu aufgeladen und ständig auf ihre Brauchbarkeit geprüft, so daß sich also der Besitzer um nichts zu kümmern hat. Gerade diese Einrichtung, das Übernehmen jeder Sorge für den Wagen von seiten der Gesellschaft soll dazu beitragen, den Absatz von Elektromobilen beträchtlich zu heben; fällt doch alle mechanische Arbeit weg, für die bisher ein besonderer Mechaniker oder Fahrer in Dienst genommen werden mußte. Der Besitzer des Elektromobils bestellt den Wagen vor sein Haus oder holt ihn von der Halle und gibt ihn wieder ab, um alles übrige braucht er sich nicht zu kümmern. Daß diese außerordentliche Erleichterung wesentlich dazu beiträgt, zum Erwerb eigener Kraftwagen Lust zu machen, bedarf wohl keiner weiteren Ausführungen.

Ein besonderer Geschäftsraum dient für den Verkehr mit dem Publikum. Will jemand seinen in der Garage aufbewahrten Wagen vor der eigenen Haustür haben, so gibt er nur eine Fernsprecherbestellung auf, um wieviel Uhr der Wagen zur Stelle sein soll. An einem großen, an der Wand angebrachten Schaltbrett ist unten eine besondere Abteilung, die zur Aufnahme derartiger Vormerkungen bestimmt ist, und an der die Tages- und Nachtzeiten in Form von Tabellen aufgeschrieben sind. Darüber hängen die Schlüssel zu den einzelnen Abteilungen der großen Halle, die zum guten Teile noch durch besondere Vorlegeschlösser oder durch sonstige Sicherheitsvorrichtungen verschlossen sind. Sobald nun eine Bestellung durch den Fernsprecher einläuft, daß der Wagen zu dieser oder jener Zeit zur Stelle sein soll, wird das Schild von oben weggenommen und an den Haken gehängt, der die betreffende Zeit angibt. Naht sie heran, so wird rechtzeitig ein Bediensteter der Gesellschaft benachrichtigt, der dann mit dem Wagen an den Ort der Bestellung fährt.

Sehr wichtig sind die zum Laden der Elektromobile dienenden Vorrichtungen. Das Schaltbrett, das die ganze Ladetätigkeit vermittelt, ist eines der größten, die jemals gebaut wurden. Es gestattet das gleichzeitige Laden von 50 Wagen. Die durch seine einzelnen Abteilungen zu übermittelnden Ladeleistungen lassen sich je nach dem Entladungszustand der Batterie in der verschiedenartigsten Weise abändern, so daß Überladungen und ebenso Rückladungen aus der Batterie unmöglich sind. Sobald ein Elektromobil zurückgekehrt ist, wird seine Ladung geprüft. Ist die Kapazität der Batterie unter eine bestimmte Grenze gesunken, so wird der betreffende Wagen sofort angeschlossen, was sich oben am Schaltbrett durch das Aufleuchten einer der beiden in der Mitte der einzelnen Ladeabteilungen sichtbaren Glühlampen kundgibt. Dann wird durch Bewegung des darüber befindlichen Einschalters der Anschluß an den Ladestom bewirkt, nachdem vorher durch Umschalten auf die Meßsinstrumente der Ladezustand festgestellt worden ist. Der unten in jeder einzelnen Ladeabteilung befindliche Widerstand wird durch Verschieben des Gleitkontaktes eingestellt, so daß der Batterie stets die richtige Menge von Strom zufließt. Eine Überladung ist unmöglich; die dadurch bewirkte Rückladung aus der Batterie würde ein sofortiges Durchbrennen der neben der Glühlampe angebrachten Sicherungen zur Folge haben. Weitere Sicherungen dienen dazu, um die Batterie vor Stromstößen und sonstigen schädigenden Einflüssen zu bewahren. Ist die Batterie wieder aufgeladen, was sich durch Kontrolle an den Meßinstrumenten, sowie an der Lampe zu erkennen gibt, so wird der Strom durch Verstellen des Schalters ausgeschaltet. Der Strom selbst wird der Ladestation durch 6 Kabel aus einem Elektrizitätswerk zugeleitet, die es ermöglichen, ständig über einen Ladestrom von 3200 Ampere bei 120 Volt oder von rund 400 Kilowatt zu verfügen.

Zum Anschluß der Wagen an die Ladevorrichtung werden ständig genügende Mengen von Verbindungskabeln bereitgehalten, die es gestatten, jeden Wagen zu jeder Zeit zu laden, ohne daß er deswegen von seiner Stelle bewegt werden muß. Die Einrichtung ist des weiteren so getroffen, daß alle Arten von Batterien geladen werden können, von der 24zelligen Bleiakkumulatorenbatterie angefangen, die einen Ladestrom von 8 Ampere benötigt, bis zur 60zelligen Edisonbatterie, für die ein Ladestrom von 100 Ampere nötig ist. Die Ladezeit selbst schwankt von 4 bis zu 6 Stunden, je nach der Erschöpfung der Batterien.

Mit dem Schuppen sind besondere Reparaturwerkstätten verbunden, die mit den neuesten Maschinen und Werkzeugen ausgestattet und derart eingerichtet sind, daß jede Reparatur ohne Zeitverlust sofort vorgenommen werden kann. Auch dieser Umstand trägt wesentlich dazu bei, die Anschaffung eines eigenen Wagens zu erleichtern; hat der Besitzer doch das Bewußtsein, daß er sich um die Instandhaltung seines Wagens nicht zu kümmern hat, und daß jeder Fehler sofort in sachgemäßer Weise beseitigt wird.

Neben der Reparaturwerkstätte befinden sich Vorratsräume, in denen Ersatzteile, Pneumatiks u. dgl. aufgespeichert sind. Die Schnelligkeit der Reparaturen und des Anbringens von Ersatzteilen wird in Amerika noch ganz besonders dadurch erleichtert, daß man ja dort in weitgehendem Maße zu Normalabmessungen für die einzelnen Teile der Automobile übergegangen ist, so daß in der Regel ein einfaches Auswechseln ohne jedes Zufeilen, Anpassen usw. stattfinden kann.

Die Aufbewahrungsräume für die Wagen sind mit vorzüglichen Reinigungsvorrichtungen ausgestattet. Der Fußboden ist aus Beton, also wasserdichtem Material, ebenso sind die Wände aus Platten hergestellt, die gegen Feuchtigkeit widerstandsfähig sind. Oben an der Decke befinden sich Leitungen für warmes und kaltes Wasser, von denen die für warmes mit dicken Isolierschichten umhüllt sind, um eine Abkühlung zu verhüten. Das Wasser steht unter Druck, so daß ein kräftiges Abspritzen stattfinden kann, und wird durch Schläuche abgegeben, die an nach allen Richtungen drehbaren an der Decke befestigten Zuleitungen hängen. Am Boden befinden sich Ablaßvorrichtungen für das Wasser.

Jeder Raum ist natürlich elektrisch beleuchtet, so daß die Wagen auch während der Nacht instand gesetzt werden können, damit sie am anderen Morgen wieder fahrbereit sind.

Schließlich sei hier auch noch kurz das Dampfautomobil erwähnt, das früher gleichfalls als aussichtsreicher Konkurrent des Autos mit Explosionsmotor betrachtet wurde. Sein Vorteil liegt in erster Linie in seiner Einfachheit, indem man infolge der Elastizität des Dampfmotors mit einem oder zwei Zylindern — statt mindestens vier beim Explosionsmotor — auskommt und außerdem Kupplung und Getriebe in Fortfall kommen. Die Dampfmaschine hat nämlich den Vorzug, daß sie Überlastung gut verträgt, so daß der Fahrer beim Anfahren oder Erklimmen einer Steigung den Zylindern einfach nur mehr Füllung zu geben braucht, während er, wenn der Wagen einmal in Schwung ist oder auf ebener Straße dahinrollt, den Motor mit geringerer Füllung, also mit größerer Expansion, arbeiten läßt. Die Folgen dieser großen Elastizität der Maschine sind also unerreicht weiche und in der Abstufung unbegrenzte Regulierfähigkeit, sanftes Anfahren, große Überlastungsmöglichkeit auf Steigungen und große Betriebssicherheit. Und ferner kommt auch die Billigkeit des Heizmaterials in Betracht, Petroleum, bei Lastwagen auch Kohle oder Koks, gegenüber dem immer teurer werdenden Benzin.

Dagegen nimmt das Anheizen des Dampfkessels immer eine gewisse Zeit in Anspruch, so daß der Dampfwagen nicht so momentan fahrbereit ist wie das Benzinauto. Ferner verbietet sich das Mitführen eines für eine größere Strecke ausreichenden Kohlenvorrates infolge des hohen Gewichtes und des großen Volumens der Kohle von selbst. Schreitet man aber aus diesem Grunde zur Verwendung von Petroleum oder ähnlichen Flüssigkeiten als Heizmittel, so tut man gleich besser daran, ein etwas hochwertigeres Heizmaterial, z. B. Schwerbenzin, zu nehmen und dieses nicht unter einem Dampfkessel, sondern in einem Explosionsmotor zu verbrennen, weil letzterer das Brennmaterial ökonomischer ausnützt, als es bei einer Dampfmaschine der Fall ist. Ebenso kann bei einem Automobil auch ein größeres Wasserquantum wegen seines hohen Gewichtes nicht mitgeführt werden. Man war daher genötigt, den aus den Dampfzylindern auspuffenden Wasserdampf wieder in einem Luftkondensator zu kondensieren. Auch die Behörden verlangten diese Kondensation, weil der auspuffende Dampf Pferde scheu machen könnte. Ein derartiger verhältnismäßig unvollkommen arbeitender Oberflächenkondensator übt aber wieder einen Gegendruck auf den Kolben aus, der die Leistung der Maschine schmälert. Auch gewinnt man dabei durchaus nicht alles Wasser zurück, so daß man doch genötigt ist, entweder einen größeren Wasservorrat mitzuführen oder aber unterwegs von Zeit zu Zeit Wasser einzunehmen.

Immerhin aber kann die Brennstofffrage vielleicht in Zukunft doch noch einmal dazu beitragen, daß man dem Dampfwagen wieder mehr Interesse entgegenbringt als bisher. Denn in ihm läßt sich eine Reihe von Brennstoffen ohne weiteres verfeuern, deren Vergasung für Explosionsmotoren bis jetzt immer noch nicht oder wenigstens nicht einwandfrei gelungen ist.

---

[1]) Während der Drucklegung ist in den Fachzeitschriften noch eine ganze Reihe wichtiger, den Gegenstand betreffender Arbeiten erschienen, auf die wir leider nicht mehr eingehen konnten. Es seien z. B. angeführt die Berichte über die Herstellung von Gasolin aus Naturgas in der Zeitschrift „Petroleum“, sowie die Abhandlung von Formanek, Knop und Korber „Beiträge zur Untersuchung von Benzinen und Benzolen“ (Chem.-Ztg. 1917, 713, 730), worauf speziell verwiesen sei. Die Verfasser.

Motorwagen und Fahrzeugmaschinen für flüssigen Brennstoff. Ein Lehrbuch für den Selbstunterricht und für den Unterricht an technischen Lehranstalten. Von Dr. techn. **A. Heller,** Berlin. Zweite Auflage. In Vorbereitung.

Gleichgang und Massenkräfte bei Fahr- und Flugzeugmaschinen. Eine Untersuchung über Zylinderzahl und Zylinderanordnung. Von Dr.-Ing. **Otto Kölsch,** Assistent für Maschinenbau an der Technischen Hochschule zu München. Mit 66 Textfiguren. Preis M. 5.—

Das Entwerfen und Berechnen der Verbrennungskraftmaschinen und Kraftgas-Anlagen. Von **Hugo Güldner,** Maschinenbaudirektor, Vorstand der Güldner-Motoren-Gesellschaft in Aschaffenburg. Dritte, neubearbeitete und bedeutend erweiterte Auflage. Mit 1282 Textfiguren, 35 Konstruktionstafeln und 200 Zahlentafeln. Preis gebunden M. 32.—

Die Steuerungen der Verbrennungskraftmaschinen. Von Dr.-Ing. **Julius Magg,** Privatdozent an der k. k. techn. Hochschule in Graz. Mit 448 Textabbildungen. Preis gebunden M. 16.—

Ölmaschinen. Wissenschaftliche und praktische Grundlagen für Bau und Betrieb der Verbrennungsmaschinen. Von **St. Löffler,** Professor, Privatdozent, und **A. Riedler,** Professor, beide an der Königl. Technischen Hochschule zu Berlin. Mit 288 Textabbildungen. Preis gebunden M. 16.—

Die Gasmaschine. Ihre Entwicklung, ihre heutige Bauart und ihr Kreisprozeß. Von Geh. Hofrat **R. Schöttler,** o. Professor an der Herzoglichen Technischen Hochschule zu Braunschweig. Fünfte, umgearbeitete Auflage. Mit 622 Figuren im Text und auf 12 Tafeln. Preis gebunden M. 20.—

Gebundene Bücher z. Zt. m. e. Aufschlag von 10% f. Einbandmehrkosten.

Verlag von Julius Springer in Berlin W 9

Leitfaden der Flugtechnik. Für Ingenieure, Techniker und Studierende. Von Professor **Siegmund Huppert,** Ingenieur, Direktor des Kyffhäuser-Technikums Frankenhausen. Mit 235 Textabbildungen.
Preis gebunden M. 12.—

Die Entstehung des Dieselmotors. Von **Rudolf Diesel,** Dr.-Ing. h. c. der Technischen Hochschule München. Mit 83 Textfiguren und 3 Tafeln. Preis M. 5.—; gebunden M. 6.—

Beiträge zur Geschichte des Dieselmotors. Von **P. Meyer,** Professor an der Technischen Hochschule in Delft. Mit einer Tafel.
Preis M. 2.—

Die Dieselmaschine in der Großschiffahrt. Von Ingenieur **W. Kaemmerer,** Berlin. Mit 84 Textfiguren. Preis M. 3.—

Die Entropiediagramme der Verbrennungsmotoren einschließlich der Gasturbine. Von Dipl.-Ing. **P. Ostertag,** Professor am Kantonalen Technikum Winterthur. Mit 17 Textfiguren. Preis M. 1.60

Gemischbildungen der Gasmaschinen. Von Dr.-Ing. **G. Hellenschmidt.** Mit 21 Textfiguren und 1 Tafel. Preis M. 1.60

Die flüssigen Brennstoffe. Ihre Gewinnung, Eigenschaften und Untersuchung. Von Dr. **L. Schmitz,** Chemiker. Mit 56 Textfiguren.
Preis gebunden M. 5.60

Ölfeuerung für Lokomotiven mit besonderer Berücksichtigung der Versuche mit **Teerölzusatzfeuerung** bei den preußischen Staatsbahnen. Nach einem im Verein Deutscher Maschinen-Ingenieure zu Berlin gehaltenen Vortrage von Regierungsbaumeister **L. Sußmann,** Limburg (Lahn). Mit 41 Textfiguren. Preis M. 3.—

Gebundene Bücher z. Zt. m. e. Aufschlag von 10 % f. Einbandmehrkosten.

Untersuchung der Kohlenwasserstofföle und Fette sowie der ihnen verwandten Stoffe. Von Professor Dr. **D. Holde,** Abteilungsvorsteher am Kgl. Materialprüfungsamt zu Berlin-Lichterfelde W, Dozent an der Technischen Hochschule zu Berlin. Fünfte, verbesserte und vermehrte Auflage. In Vorbereitung.

Analyse der Fette und Öle. Von **Benedikt Ulzer.** Sechste Auflage. Herausgegeben von Chefchemiker Dr. **Ad. Grün** in Kramel. In Vorbereitung.

Wissenschaftliche Grundlagen der Erdölbearbeitung. Von Dr. **L. Gurwitsch,** Laboratoriumschef. 235 Seiten mit 12 Textfiguren und 4 Tafeln. Preis M. 9—; gebunden M. 10.—

Taschenbuch für die Mineralöl-Industrie. Von Dr. **S. Aisinman** (Campina). Mit 50 Textabbildungen. Preis gebunden M. 7.—

Anleitung zur Verarbeitung der Naphtha und ihrer Produkte. Von **N. A. Kwjatkowsky.** Autorisierte und erweiterte deutsche Ausgabe von **M. A. Rakusin.** Mit 13 Textfiguren. Preis gebunden M. 4.—

Die Wirkungsweise der Rektifizier- und Destillier-Apparate mit Hilfe einfacher mathematischer Betrachtungen dargestellt von Kgl. Baurat **E. Hausbrand.** Dritte, völlig neubearbeitete und sehr vermehrte Auflage. Mit 25 Figuren im Text und auf 16 Tafeln. Preis gebunden M. 10.—

Verdampfen, Kondensieren und Kühlen. Erklärungen, Formeln und Tabellen für den praktischen Gebrauch von Kgl. Baurat **E. Hausbrand.** Sechste, vermehrte Auflage. Mit etwa 50 Textfiguren und etwa 96 Tabellen. In Vorbereitung. Preis gebunden etwa M. 18.—

Gebundene Bücher z. Zt. m. e. Aufschlag von 10°/₀ f. Einbandmehrkosten.

Technologie der Fette und Öle. Handbuch der Gewinnung und Verarbeitung der Fette, Öle und Wachsarten des Pflanzen- und Tierreichs. Unter Mitwirkung von G. Lutz (Augsburg), O. Heller (Berlin), Felix Kaßler (Galatz) und anderen Fachmännern herausgegeben von Fabrikdirektor Dr. **Gustav Heffter** (Triest).

Erster Band: **Gewinnung der Fette und Öle.** Allgemeiner Teil. Mit 346 Textfiguren und 10 Tafeln.

Preis M. 20.—; gebunden M. 22.50

Zweiter Band: **Gewinnung der Fette und Öle.** Spezieller Teil. Mit 155 Textfiguren und 19 Tafeln. Anastischer Neudruck.

Preis gebunden M. 45.—

Dritter Band: **Die Fett verarbeitenden Industrien.** Mit 292 Textfiguren und 13 Tafeln. Anastatischer Neudruck.

Preis gebunden etwa M. 48.—

Die Chemie der trocknenden Öle. Von Dr. phil. **Wilhelm Fahrion,** Chemiker und Betriebsleiter in Höchst a. M. Mit 9 Textfiguren. Preis M. 10.—; gebunden M. 11.—

Allgemeine und physiologische Chemie der Fette. Für Chemiker, Mediziner und Industrielle. Von **F. Ulzer** und **I. Klimont.** Mit 9 Textfiguren. Preis M. 8.—

Chemisch-technische Untersuchungsmethoden. Unter Mitwirkung von hervorragenden Fachmännern herausgegeben von Dr. **Georg Lunge,** emer. Professor der technischen Chemie am Eidgenössischen Polytechnikum in Zürich, und Dr. **Ernst Berl,** Privatdozent, Chefchemiker. Sechste, vollständig umgearbeitete und vermehrte Auflage. In vier Bänden:

I. Band. 1909. 693 Seiten Text, 72 Seiten Tabellen-Anhang. Mit 163 Textfiguren. Preis M. 18.—; geb. M. 20.50

II. Band. 1910. 885 Seiten Text, 8 Seiten Tabellen-Anhang. Mit 138 Textfiguren. Preis M. 20.—; geb. M. 22.50

III. Band. 1911. 1044 Seiten Text, 24 Seiten Tabellen-Anhang. Mit 150 Textfiguren. Preis M. 22.—; geb. M 24.50

IV. Band. 1911. 1080 Seiten Text, 58 Seiten Tabellen-Anhang. Mit 56 Textfiguren. Preis M. 24.—; geb. M. 26.50

Gebundene Bücher z. Zt. m. e. Aufschlag von 10% f. Einbandmehrkosten.